农事指南系列丛书

小麦产业关键实用技术 100 问

马鸿翔　顾克军　陈怀谷　编著

U0294109

中国农业出版社
北　京

农事指南系列丛书编委会

总 主 编 易中懿

副总主编 孙洪武　沈建新

编　　委（按姓氏笔画排序）

　　　　　吕晓兰　朱科峰　仲跻峰　刘志凌

　　　　　李　强　李爱宏　李寅秋　杨　杰

　　　　　吴爱民　陈　新　周林杰　赵统敏

　　　　　俞明亮　顾　军　焦庆清　樊　磊

丛书序

习近平总书记在2020年中央农村工作会议上指出，全党务必充分认识新发展阶段做好"三农"工作的重要性和紧迫性，坚持把解决好"三农"问题作为全党工作重中之重，举全党全社会之力推动乡村振兴，促进农业高质高效、乡村宜居宜业、农民富裕富足。

"十四五"时期，是江苏认真贯彻落实习近平总书记视察江苏时"争当表率、争做示范、走在前列"的重要讲话指示精神、推动"强富美高"新江苏再出发的重要时期，也是全面实施乡村振兴战略、夯实农业农村现代化基础的关键阶段。农业现代化的关键在于农业科技现代化。江苏拥有丰富的农业科技资源，农业科技进步贡献率一直位居全国前列。江苏要在全国率先基本实现农业农村现代化，必须进一步发挥农业科技的支撑作用，加速将科技资源优势转化为产业发展优势。

江苏省农业科学院一直以来坚持以推进科技兴农为己任，始终坚持一手抓农业科技创新，一手抓农业科技服务，在农业科技战线上，开拓创新，担当作为，助力农业农村现代化建设。面对新时期新要求，江苏省农业科学院组织从事产业技术创新与服务的专家，梳理研究编写了农事指南系列丛书。这套丛书针对水稻、小麦、辣椒、生猪、草莓等江苏优势特色产业的实用技术进行梳理研究，每个产业提练出100个技术问题，采用图文并茂和场景呈现的方式"一问一答"，让读者一看就懂、一学就会。

丛书的编写较好地处理了继承与发展、知识与技术、自创与引用、知识传播与科学普及的关系。丛书结构完整、内容丰富，理论知识与生产实践紧密结合，是一套具有科学性、实践性、趣味性和指导性的科普著作，相信会为江苏农业高质量发展和农业生产者科学素养提高、知识技能掌握提供很大帮助，为创新驱动发展战略实施和农业科技自立自强做出特殊贡献。

　　农业兴则基础牢，农村稳则天下安，农民富则国家盛。这套丛书的出版，标志着江苏省农业科学院初步走出了一条科技创新和科学普及相互促进、共同提高的科技事业发展新路子，必将为推动乡村振兴实施、促进农业高质高效发展发挥重要作用。

2020年12月25日

序

　　小麦是人类赖以生存的重要粮食作物之一，在世界上分布极广，全球约40%的人口以小麦为主粮。我国是全球小麦主产区之一，总产量位居世界第一，在保障我国粮食安全中具有举足轻重的作用。

　　江苏省历来是我国重要的小麦主产省之一，小麦种植面积位居全国第四，产量约占全国的10%。近年来全省小麦亩产已达380千克，单产进一步提高的潜力仍然很大，但一系列限制因子亟待解决。江苏是典型的稻麦两熟地区，受水稻品种熟期和种植方式影响，水稻收获迟，小麦晚播面积大、比例高，提高适期播种小麦比例和提高晚播小麦产量是进一步提高江苏小麦单产的重要途径。小麦生产季节旱涝灾害、高温逼熟、低温冻害、穗发芽等严重灾害频发，抗灾能力有待进一步提升。土地租赁成本较高、农资与劳动力价格上涨，小麦种植效益较低，节本增效技术需要有新的突破。传统农户及高素质农民科学种田水平也有待提高，实用技术的推广还需加强。

　　江苏省农业科学院针对江苏省小麦产业上存在的关键问题，组织相关领域专家从小麦全产业链的角度进行了梳理，以一问一答的形式编写了这部《小麦产业关键实用技术100问》。本书较详细地介绍了小麦生长发育与产量形成、品质特性与分类等基本知识，重点介绍了小麦生产过程中需特别注意的技术要点，涵盖了从品种选择、耕作、播种、肥水管理到收获的整个过程，同时对如何防控病虫草害以及自然灾害提出了详细的应对措施，最后对小麦的仓贮加工以及如何通过产业化实现产业链价值提升给予了具体的指导。

　　本书面向生产一线，内容全面，包含了最新的研究成果，理论与实践相结合，农机农艺配套，图文并茂，特色鲜明，实用性强。相信本书将能够为从事小麦生产的管理人员、科技人员、企业领导和种植大户提供良好的参考，助推小麦产业再上新台阶。

2021 年 7 月 5 日

前　言

　　小麦是世界上最重要的粮食作物之一，人类的能量和植物蛋白来源很大程度上依赖小麦。我国一半以上的人口以小麦为主要食粮，全国每年消费小麦1.2亿吨以上，小麦播种面积和产量均约占全国粮食的20%。长期以来，为了满足人们对小麦的消费需求，通过品种和栽培技术的不断更新与应用，小麦单位面积产量稳步提升。近20年来，尽管全国小麦种植面积有较大幅度下降，但小麦总产量随着单产水平的提高在不断增长，尤其是2004年以来，我国小麦生产连年保持丰产，有效地保障了我国小麦的消费需求。

　　江苏是小麦生产大省，常年种植面积约3 500万亩，居全国第四位。江苏生态条件多样，沿淮河—苏北灌溉总渠为界，淮北属于黄淮麦区，以种植半冬性白皮小麦为主；南部属于长江中下游麦区，以种植春性红皮小麦为主。多样的生态条件形成了小麦品质的多样化，江苏既有适合强筋、中强筋小麦生产区域，也有弱筋小麦的优势产区。同时，江苏土地规模化经营水平较高，小麦以大户种植和农场生产为主，小麦商品率高。此外，江苏地处小麦主产区与主销区的过渡地带，发达的内陆水运与海运相通，具有得天独厚的小麦贸易优势。与其他麦区相比，江苏小麦受到逆境胁迫较多，小麦赤霉病、白粉病、纹枯病比较严重，小麦条锈病、叶锈病也经常发生，不同小麦生长阶段还会经历倒春寒、穗发芽、干旱、涝渍、高温等考验。多年来，为了提高产量，种植者过度施用农药和化肥，对小麦生产的可持续发展带来威胁，病菌对农药抗药性提高导致药效下降，肥料增施造成肥料利用率不断下降，如何在减肥减药的同时保持小麦高产和优质是生产中有待解决的难题。小麦市场销售价格不稳，劳动力和生产资料成本提高，使得种植大户的效益有所下降，直接影响着小麦种植的积极性。从小麦品质来看，尽管近年来大力提倡发展优质专用小麦，品种结构有所改善，但质量仍有较大提升空间。根据中国农业科学院作物科学研究所/农业农村部谷物产品质量安全风险评估实验室的抽样调查结果，当前小麦生产上优质品种结构有所改善，但达标样品比例较低。

根据农业供给侧结构性改革的发展方向，在保证国家粮食安全，稳定小麦种植面积的同时，将扩大专用小麦面积、提升小麦生产全程机械化水平，同时，华北区适度调减地下水严重超采地区的小麦种植、西北区调减小麦种植面积，江苏淮北麦区和淮南麦区分别作为优质强筋小麦和弱筋小麦的优势产区将倍受国家重视。预计未来随着居民消费升级，我国对优质小麦的需求将不断上升，优质小麦的供需缺口将不断扩大，从而会推动小麦产业真正形成优质优价，推动产业链优化升级，推动小麦质量水平的整体提升。同时，为解决资源环境约束难题和满足产业升级发展需要，稳产、抗逆、养分高效利用、优质的小麦品种和技术将得到快速发展，小麦生产的区域布局也将按照优势产区进一步调整优化。

为了适应新形势下产业发展的需求，江苏省农业科学院组织编撰了《小麦产业关键实用技术 100 问》，旨在介绍小麦全产业链各环节技术问题。任务下达后，马鸿翔研究员列出编写提纲，经顾克军研究员和陈怀谷研究员完善，由 3 人分工执笔。编写人员本着科学严谨、认真负责和团结协作的精神，以自身技术优势为基础，结合国内外小麦产业技术成果，力求使本书内容全面、系统、实用。全书分为基础篇、品质篇、种植篇、抗逆篇、加工篇及产业篇 6 个部分，包括 100 个小麦产业技术问题，于 2020 年 12 月完成了书稿内容。

在《小麦产业关键实用技术 100 问》编写过程中，除得到作者所在单位的大力支持外，还得到国家及江苏省小麦产业技术体系、省现代粮食生产技术协同创新中心等同行专家，以及中国农业出版社卫晋津等老师的鼎力帮助，农业农村部小麦专家指导组组长郭文善教授拨冗为本书作序，在此一并表示衷心感谢！

　　由于作者水平和能力所限，加之成书时间仓促，书中难免有不妥和错漏之处，恳请同行与读者批评指正。

编著者

2021 年 7 月 15 日

目　录

第六章　产业篇 140

第一章

基础篇

1 小麦分布在什么区域?

小麦有"世界粮食"之称,因其适应性强而广泛分布于世界各地,从北极圈附近到南半球,从盆地到高原,均有小麦种植。小麦种植和消费几乎遍布于世界五大洲的各个国家,主要分布在北纬67°到南纬45°。尤其是北半球的欧亚大陆和北美洲的小麦种植面积最大,占世界小麦总面积90%左右。世界小麦面积和产量在过去很长时间一直位居谷物首位,近年虽略少于玉米,但常年种植面积仍稳定在33亿亩[①]左右,总产量7.0亿吨左右,面积和总产量均约占谷物总量的30%。世界小麦产区集中,大约70%的面积和产量集中在中国、美国、俄罗斯、印度、澳大利亚等10多个国家,但这些面积较大的国家小麦单产水平并不最高,亩产150～375千克。单产水平较高的主要集中在欧洲的比利时、卢森堡、爱尔兰、法国、英国等种植面积较小的国家,亩产多在500千克以上。在世界小麦总面积中,冬小麦占75%左右,其余为春小麦。春小麦主要集中在俄罗斯、美国和加拿大等国,占世界春小麦总面积的90%左右。

小麦起源于近中东的新月沃地,从西亚、近东一带传入欧洲和非洲,并向东传播至印度、阿富汗、中国,然后又从欧洲传入美洲。我国栽培小麦历史悠久,1955年在安徽省亳县钓鱼台发掘的新石器时代遗址中发现有碳化小麦种子,证明我国小麦的栽培可以上溯到公元前2700年,距今有近5000年的历史。

小麦在我国分布广泛,北自漠河,南到三亚,西起天山脚下,东至台湾及

---

① 亩为非法定计量单位,1亩=1/15公顷。下同。

其他东海诸岛，都曾种植小麦。1997年全国小麦收获面积高达4.5亿亩，总产量1.2亿吨，此后种植面积逐年下降，至2003年下降至低谷，然后稳步回升并趋于稳定，2019年我国小麦种植面积为3.56亿亩，约占世界总面积的11%；亩产达375.3千克（为历史最高），分别是世界平均单产的1.67倍、美国的1.76倍、加拿大的1.75倍、澳大利亚的3.31倍、俄罗斯的2.07倍、哈萨克斯坦的4.57倍；总产量1.34亿吨（历史次高），占全世界当年总产量的17%，居世界首位。当年小麦面积和总产量分别占全国粮食的20.4%和20.1%。

目前全国小麦种植主要分布在北纬20°～41°，面积较大的依次为河南、山东、安徽、江苏、河北、四川、陕西、甘肃、山西、湖北、内蒙古、黑龙江等12个省，约占全国总面积的82%，总产量占90%以上。我国幅员辽阔，既能种植冬小麦又能种植春小麦。由于各地自然条件差异，小麦播种期和成熟期不尽相同。东北、内蒙古和西北的严寒地带适宜种植春小麦，一般在4月播种，7—8月收获，其他地区以秋播小麦为主，北方麦区一般在9月下旬至10月上中旬播种，翌年6月收获，南方麦区一般在10—11月播种，翌年5—6月收获。

② 小麦有多少个种？

小麦为禾本科（Gramineae），小麦族（Triticeae）、小麦属（Triticum）植物，是世界上最古老的作物之一。目前生产上主要栽培的是六倍体普通小麦，从进化的角度说，六倍体从二倍体、四倍体演化而来。野生的二倍体种有两个种，即野生一粒小麦（Triticum boeoticum，染色体组 A^bA^b）和乌拉尔图小麦（T. urartu，染色体组 A^uA^u）。野生一粒小麦经驯化演变为二倍体栽培一粒小麦（T. monococcum）。乌拉尔图小麦与拟斯卑尔脱山羊草（Aegilops speltoides，染色体组BB）发生天然杂交，其杂种经染色体自然加倍后产生四倍体野生二粒小麦（T. dicoccoides，染色体组AABB），再经驯化演变为栽培二粒小麦（T. dicoccum，AABB）。在二粒系小麦的易脱粒且穗轴坚韧类型中，硬粒小麦（T. durum）产生最早，经过基因突变积累和修饰产生了其他四倍体种，如籽粒变短而圆并粉质化的圆锥小麦（T. turgidum）、护颖延长并革质化的波兰小麦（T. polonicum）、小穗和籽粒变长的东方小麦（T. turanicum）等。二粒系小麦在栽培过程中与节节麦（又称为粗山羊草，*T. tauschii*，染色体组DD）发生天然杂交，其杂种经染色体自然加倍后，产生了染色体组成来源于3个基因组的六倍体普通小麦（*T. aestivum*，AABBDD），得到了广泛种植。综合起来，小麦属的种分属于二倍体、四倍体和六倍体，可分为5系22个种（表1-1）。

表1-1　小麦属的种

系	染色体组	类型	种
一粒系 Einkorn	A	野生 *T. urartu* Thum.	乌拉尔图小麦
		野生 *T. boeoticum* Boiss.	野生一粒小麦
		带皮 *T. monococcum* L.	栽培一粒小麦
二粒系 Emmer	AB	野生 *T. dicoccoides* Koern.	野生二粒小麦
		带皮 *T. dicoccum* Schuebl.	栽培二粒小麦
		带皮 *T. paleocolchicum* Men.	科尔希二粒小麦
		带皮 *T. ispahanicum* Heslot	伊斯帕汗二粒小麦
		裸粒 *T. carthlicum* Nevski	波斯小麦
		裸粒 *T. turgidum* L.	圆锥小麦
		裸粒 *T. durum* Desf.	硬粒小麦
		裸粒 *T. turanicum* Jakubz.	东方小麦
		裸粒 *T. polonicum* L.	波兰小麦
		裸粒 *T. aethiopicum* Jakubz.	埃塞俄比亚小麦
普通系 Dinkel	ABD	带皮 *T. spelta* L.	斯卑尔脱小麦
		带皮 *T. macha* Dek.Et men.	马卡小麦
		带皮 *T. vavilovi* Jakubz.	瓦维洛夫小麦
		裸粒 *T. compactum* Host	密穗小麦
		裸粒 *T. sphaerococcum* Perc.	印度圆粒小麦
		裸粒 *T. aestivunm* L.	普通小麦
提莫菲维系 Timopheevii	AG	野生 *T. araraticum* Jakubz.	阿拉拉特小麦
		带皮 *T. timopheevii* Zhuk.	提莫菲维小麦
茹科夫斯基系 Zhukovskyi	AAG	带皮 *T. zhukovskyi* Men.Et Er.	茹科夫斯基小麦

3　小麦主要用作什么消费？

小麦籽粒由胚乳、胚及麸皮 3 部分组成，提供人类蛋白质消费的 20.3%、热量的 18.6%、食物总量的 11.1%，超过任何其他单一作物。

小麦的主要用途是供人类食用。小麦籽粒富含淀粉、蛋白质、脂肪、矿物质、钙、铁、硫胺素、核黄素、烟酸、维生素 A、维生素 C 等，特别是其特有的化学组成、独特的面筋蛋白特性和丰富的营养成分，可被人们加工成各种形态的食品。任何其他粮食原料，都很难像小麦粉那样可形成具有良好黏弹性、胀发性和延伸性的面团、面片、面条，同时小麦食品也是经济高效的食品，非常适合工业化生产，符合现代社会生活节奏。小麦可作为啤酒、酒精、味精的发酵原料或生物质燃料，因而也是酿酒中发酵和制曲必需的原料，医药和调味品等工业也常以小麦作为原料。小麦及其副产品麸皮中含有蛋白质、糖类、维生素等，因而是优质的饲料源。麦秆既可作为燃料、饲料，还可用来制作手工艺品，也可作为造纸原料。

小麦也是谷物中最重要的贸易商品，占世界谷物总贸易量的 46% 以上。据国内小麦制粉、工业（行业）、饲用、种子、损耗等消费测算，目前每年国内小麦消费量在 1.16 亿吨左右，主要为制粉消费，用量为 8800 万吨；其次为饲用消费，约 900 万吨；再次为工业消费，约 810 万吨；此外，种子消费约 554 万吨，损耗及其他约 506 万吨。

在制粉消费制作的面制品中，面条（包括挂面、方便面等）占 35%，馒头、包子类中式点心占 30%，饼类食品占 10%，饼干和糕点占 10%，水饺占 8%，面包占 3%，其他面制品占 4%。

4　什么是小麦冬春性？

小麦冬春性是根据不同小麦品种通过春化阶段时所需要的低温程度和时间长短而划分的小麦类型。一般分为冬性、半冬性和春性品种。

（1）冬性品种。对温度要求极为敏感，春化适宜温度在 0 ～ 5℃，春化时间 30 ~ 50 天。其中，只有在 0 ~ 3℃ 条件下经过 35 天以上才能通过春化阶段的品种为强冬性品种，这类品种苗期匍匐，耐寒性强，对温度反应极为敏感，没有经过春化的冬性品种种子在春季播种不能抽穗，我国北部冬麦区的品种多属此类型。

（2）**半冬性品种**。对温度要求中等，介于冬性和春性之间，通过春化阶段的温度为 0 ~ 12℃，春化时间 15 ~ 35 天。这类品种苗期半匍匐，耐寒性较强，没有经过春化的种子在春季播种，不能抽穗或延迟抽穗，或抽穗不整齐，结实率低。我国黄淮麦区种植的品种多属此类型，此类型又可细分为弱冬性和弱春性两类。

（3）**春性品种**。通过春化阶段对温度要求范围较宽，经历时间较短，一般在秋播地区要求 0 ~ 12℃，北方春播地区要求 5 ~ 20℃，5 ~ 15 天即可通过春化，这类品种苗期直立，耐寒性差，对温度反应不敏感，种子未经春化处理，春播也可以正常抽穗结实。我国南方麦区冬小麦品种及东北春小麦品种多为春性品种。

需要注意的是，习惯上说的冬小麦和春小麦是根据播种季节划分的两种栽培类型，与小麦品种的冬春性并不完全一致，冬小麦指的是秋季或冬季播种、在田间越冬的小麦，春小麦是在春季或初夏播种、不在田间越冬的小麦。春小麦一定是春性小麦品种，而冬小麦在北部冬麦区种植的为冬性或半冬性小麦品种，而在南方冬麦区通常种植春性小麦品种。

⑤　什么是小麦种植区划？

我国小麦分布地域广泛，各地自然生态条件、种植制度、品种类型和生产水平存在差异，因而形成了不同特点的种植区域。目前全国小麦种植区域分为春麦区、北方冬麦区、南方冬麦区和冬春兼播麦区 4 个主区，在主区内又分成了 10 个亚区。

（1）**春麦区**。包括东北、北部和西北春麦区。

① **东北春麦区**。包括黑龙江、吉林两省全部，辽宁省除南部沿海地区以外的大部，以及内蒙古自治区东北部。东北春麦区小麦面积及产量均接近全国的 8%，分别约占全国春小麦面积和总产量的 47% 及 50%，为春小麦主要产区，

其中以黑龙江省为主。土壤以黑钙土为主，土层深厚，土质肥沃。全区气候南北跨寒温带和中温带两个气候带，温度由北向南递增，差异较大。最冷月平均气温北部漠河为-30.7℃，中部哈尔滨为-19.4℃，南部锦州为-8.8℃；≥10℃积温为1600～3500℃；无霜期最长达160余天，最少仅90天；年降水量600毫米以上，小麦生育期主要麦区可达300毫米。

② 北部春麦区。地处大兴安岭以西，长城以北，西至内蒙古的鄂尔多斯市和巴彦淖尔市，以内蒙古为主，还包括河北、山西、陕西的部分地区。全区小麦种植面积及产量分别占全国的3%和1%左右，面积约为全区粮食作物面积的20%。小麦平均单位面积产量在全国各麦区中为最低。土壤以栗钙土为主。属大陆性气候，寒冷干燥，年降水量一般低于400毫米，不少地区在250毫米以下。种植制度以一年一熟为主。

③ 西北春麦区。以甘肃及宁夏为主体，包括内蒙古及青海的部分地区。面积约占全国的4%，产量占5%左右。土壤主要为棕钙土及灰钙土，结构疏松，易风蚀沙化。气温明显高于东部各春麦区，最冷月平均气温-9℃。光能资源丰富，热量条件较好，气温日差较大。晴天多，日照长，辐射强，有利于小麦进行光合作用和干物质积累。年降水不足300毫米，最少地区只有几十毫米。在祁连山麓和有黄河过境的平川地带，小麦产量高。全区≥10℃年积温为2840～3600℃，无霜期118～236天。种植制度以一年一熟为主。

（2）北方冬麦区。包括北部和黄淮冬麦区。

① 北部冬麦区。包括河北省长城以南，山西省中部和东南部，陕西省长城以南的北部地区，辽宁省辽东半岛以及宁夏回族自治区南部，甘肃省陇东地区和北京、天津两市。全区面积和产量分别为全国的9%及6%左右，约为本区粮食作物种植面积的31%。

本区地处冬麦北界，除河北省境内大部为平原及辽宁省沿海为丘陵区外，海拔为750～1260米。土壤有褐土、黄绵土及盐渍土等。其中以褐土为主，腐殖质含量低，但质地适中，通透性和耕性良好，有深厚熟化层，保墒、耐旱。大陆性气候的特点明显，最冷月平均气温-7.7～-4.6℃，绝对最低气温-24～-20.9℃，正常年份冬麦基本可以安全越冬，但年际变率大。低温年份冻害时有发生，冬、春麦区边缘地带冬小麦冻害尤重。年降水量440～660毫米，多集中在夏、秋季，7—9月降水量占全年的44%左右。小麦生育期降水量143～215毫米。旱害较重，春旱尤甚。种植制度以两年三熟为主，其中旱地多为一年一熟，一年两熟制在灌溉地区有所发展。品种类型为冬性或强冬性，对光照反应敏感，生育期260天左右。病害有条锈病、叶锈病、白粉病、黄矮病等；虫害以地下害虫及红蜘蛛、麦蚜等为主。旱地9月上中旬播种，灌溉地9月20日左右；成熟期通常在翌年6月中下旬，少数晚至7月上旬。

② 黄淮冬麦区。包括山东省全部，河南省大部（信阳除外），河北省中南部，江苏及安徽两省淮北地区，陕西省关中平原地区，山西省西南部以及甘肃省天水市。全区小麦面积及产量分别占全国的45%及48%左右，约为全区粮食作物种植面积的44%，是我国最大的小麦产区。土壤类型以石灰性冲积土为主，部分为黄壤与棕壤，质地良好，具有较高的生产力潜力。全区气候温和，降水量比较适宜。最冷月平均气温-3.4～-0.2℃，绝对最低气温-22.6～-14.6℃，小麦越冬条件良好，冬季麦苗通常可保持绿色。年降水量580～860毫米，小麦生育期降水量152～287毫米，多降水年份基本可满足小麦生育需要，但偏北地区常因降水分布不均或年际变异而发生旱灾。全区水资源比较丰富，可以发展灌溉。种植制度可因地域和种植条件而异。灌溉地区以一年两熟为主，旱地及丘陵地区则多为两年三熟，陕西关中、豫西和晋南旱地部分麦田也有一年一熟的。品种类型多为冬性或弱冬性，对光照反应中等至敏感，生育期230天左右。本区南部以春性品种作晚茬麦种植。播种适期一般为10月上旬，但部分地区常由于各种原因不能适期播种，致使晚茬麦面积大、产量低，从而影响全区小麦生产。全区小麦成熟在翌年5月下旬至6月初。

（3）南方冬麦区。包括长江中下游、西南和华南冬麦区。

① 长江中下游冬麦区。包括江苏、安徽、湖北、湖南各省大部，上海市与浙江、江西两省全部，以及河南省信阳市。全区小麦面积约为全国总面积的11.7%，产量约为全国的15%。全区气候温和，地势低平，滨海一带如上海、宁波海拔均不及10米，其他地区也只50米左右。最冷月平均气温1.0～7.8℃，绝对最低气温-15.4～-4.1℃。年降水量1000～1800毫米，小麦生育期降水量360～830毫米，小麦生长不仅不需要灌溉，反而常有湿害发生。江西省南部抚州等地甚至因湿害严重而影响小麦种植。种植制度以一年两熟制为主，部分地区有一年三熟制。小麦品种多属弱冬性或春性，光照反应不敏感，生育期200天左右。播种期10月中下旬至11月上中旬，翌年5月下旬成熟。

② 西南冬麦区。包括贵州省全部，四川省、云南省大部，陕西省南部，甘肃省东南部以及湖北、湖南两省西部。全区小麦种植面积约占全国总面积的12.6%，产量约为全国的12.2%。其中以四川盆地为主产区，面积和产量分别约占全区的53.6%及63%。本区地形复杂，山地、高原、丘陵和盆地均有，海拔300～2000米。全区气候温和，水热条件较好，但光照不足。最冷月平均气温为2.6～6.2℃，绝对最低气温-11.7～-5.2℃，其中四川盆地最冷月平均气温5.2～7.5℃，绝对最低气温为-5.9～1.7℃。除甘肃省东南部降水偏少外，其余地区年降水量772～1510毫米，小麦生育期降水量279～565毫米。土壤类型主要有红、黄壤两种，鄂西、湘西及四川盆地以黄壤为主，红壤主要分布在云贵高原。种植制度多数地区为稻麦两熟的一年两熟制。小麦品种多属春性或弱冬性，对光照反应不敏感，生育期180～200天。平川麦区播种适期为10月下旬至11月上旬，成熟期在翌年5月上中旬。丘陵山地播种期略早而成熟期稍晚。

③ 华南冬麦区。包括福建、广东、广西和台湾全部以及云南南部。小麦种植面积约为全国总面积的2.1%，产量约为全国总产量的1.1%。小麦在本区不是主要作物，其种植面积只占本区粮食作物面积的5%左右，且历年面积很不稳定。

（4）冬春麦兼播区。包括新疆和青藏冬春麦区。

① 新疆冬春麦区。位于新疆维吾尔自治区，全区小麦种植面积约为全国的4.6%，产量为全国的3.8%左右。其中北疆小麦面积约为全区的57%，以春小麦为主，单产也高于南疆；南疆则以冬小麦为主，面积为南疆春小麦的3倍以上。本区为大陆性气候，气候干燥，降水稀少，但有丰富的冰山雪水资源，且地下水资源也比较丰富。晴天多，日照长，辐射强。其中北疆位于天山和阿尔泰山之间，温度低，最冷月平均气温-18～-11℃，绝对最低气温为-44～-33℃，但由于冬季常有积雪覆盖，故一般年份小麦可以安全越冬。雪量少的年份，冬小麦越冬死苗情况较严重。全年降水量163～244毫米，小麦生育期降水量冬麦为107～190毫米，春麦为83～106毫米。南疆气温较北疆高，最冷月平均气温-12.2～-5.9℃，绝对最低气温为-28.0～-24.3℃；全年降水量仅为13～61毫米，春小麦为7～39毫米，但均有冰山雪水可资灌溉。北疆土壤以棕钙土及灰棕土为主，南疆则主要为棕色荒漠土。种植制度以一年一熟为主，南疆兼有一年两熟。冬小麦品种属强冬性，对光照反应敏感。冬小麦播期

为9月中旬左右，翌年7月底或8月初成熟。北疆春小麦于4月上旬前后播种，8月上旬左右成熟；南疆则2月下旬至3月初播种，7月中旬成熟。

② 青藏春冬麦区。包括西藏自治区，青海省大部，甘肃省西南部，四川省西部和云南省西北部。全区以林牧业为主，小麦种植面积及产量均约为全国的0.5%，其中以春小麦为主，约占全区小麦总面积的65.3%。20世纪70年代中期起，在雅鲁藏布江河谷地带冬小麦发展迅速，西藏常年冬小麦面积占麦田总面积的40%～80%。雅鲁藏布江中游河谷地带以及昌都等地区，地势低平，土壤肥沃，灌溉发达，是本区主要小麦产区。最冷月平均气温-4.8～-0.1℃，绝对最低气温为-25.1～-13.4℃。冬季气温较低而稳定，持续时间长，冬小麦返青至拔节及抽穗至成熟均历时两月之久，且日照时间长，气温日较差大，光合作用强度大，净光合效率高，产量也较高。冬小麦播种期为9月下旬，春小麦3月下旬至4月上旬，均于8月下旬至9月中旬成熟。全生育期冬小麦长达330天左右，有的直至周年方能成熟；春小麦生育期140～170天。全区年降水量42～770毫米，平均450毫米。其中藏南地区全年降水量280～764毫米，通常500毫米左右，小麦生育期降水量冬小麦为250～590毫米，春小麦为224～510毫米。种植制度为一年一熟。青藏高原土壤多高山土壤，土层薄，有效养分少。雅鲁藏布江流域两岸的主要农业区，土壤多为石灰性冲积土，柴达木盆地则以灰棕色荒漠土为主。冬小麦品种为强冬性，对光照反应敏感。

6 什么是小麦生育周期和生长阶段？

小麦的一生中，在形态特征、生理特性等方面发生一系列变化，人们根据这些变化将小麦的一生划分为播种、出苗、分蘖、越冬、返青、起身、拔节、孕穗、抽穗、开花、灌浆、成熟12个生育时期。

（1）播种期。小麦播种的日子。播种后，如果墒情适宜，种子很快会萌动发芽，因此，计算小麦全生育期的天数，一般从播种期算起。

（2）出苗期。全田50%麦苗第一片真叶露出地面2～3厘米时，即为出苗期，如果墒情好、温度适宜，小麦播种后1周左右就能出苗。

（3）分蘖期。一般麦田当主茎长出3片叶，第四片叶刚开始出现时，在主茎第一片叶的叶腋处长出主茎的第一个分蘖。全田50%植株第一个分蘖伸出叶鞘1.5～2厘米时，即为分蘖期。

（4）越冬期。当冬前日平均温度下降至0℃左右时，麦苗基本上停止生长，即为越冬期。

（5）返青期。第二年春天，随着气温的回升，小麦开始生长，且大田由暗绿变为青绿色，而且仍处匍匐状态，即为返青期。

（6）起身期（生物学拔节）。当春季日平均温度上升至10℃以上时，麦苗由原来匍匐生长开始转向直立生长，基部第一节间开始伸长，幼穗分化进入护颖原基分化期时，即为起身期。

（7）拔节期（物候学拔节）。全田50%以上的麦田第一伸长节间露出地面1.5～2厘米，幼穗分化进入雌雄蕊原基分化期时，即为拔节期。

（8）孕穗期。麦田50%以上植株的旗叶全部伸出倒2叶叶鞘，幼穗分化接近四分体形成期时，即为孕穗期。

（9）抽穗期。麦田半数以上的麦穗顶端（顶小穗）露出旗叶鞘1/2时，即为抽穗期。

（10）开花期。麦田有50%以上的麦穗中部小穗开始开花时，即为开花期，一般在抽穗后3～6天。

（11）灌浆期。小麦开花后，小麦内光合作用产生的淀粉和转化的蛋白质通过同化作用向小麦种子中贮存，直至籽粒成熟的时期即为灌浆期。

（12）成熟期。大部分籽粒的胚乳呈蜡质状，大部分籽粒变硬，麦穗和穗下节变黄，粒重也最高。

从器官的功能和形成特点来看，小麦一生可将几个连续的生育时期合并为某一生长阶段。一般可分为3个生长阶段。

一是营养生长阶段。小麦从种子萌发至幼穗开始分化之前为营养生长阶段。主要进行营养生长，即以长根、长叶和分蘖为主。

二是营养生长和生殖生长并进阶段。小麦自幼穗分化到抽穗是营养生长和生殖生长并进阶段。其生长特点是既有根、茎、叶的生长，又有麦穗分化发育，幼穗分化与根、茎、叶、分蘖的生长同时并进。

三是生殖生长阶段。指小麦从开花受精至灌浆成熟这段时间，以生殖生长即籽粒形成和灌浆为主。

小麦的三个生长阶段决定着小麦各部分器官的建成和产量因素（穗数、粒数、粒重）的形成，既有连续性，又显示了一定的阶段性（图1-1）。前一阶段是后一阶段的基础，后一阶段是前一阶段的发展。由于三个阶段各有不同的生长中心，因此不同阶段的栽培管理目标也不相同。

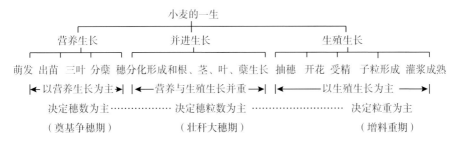

图1-1 小麦不同生长阶段示意图

7 小麦种子有什么特点？

小麦种子为受精后子房发育而成的果实，植物学称为颖果。外表上看，有棱形、圆筒形、椭圆形和近圆形等形态。因种皮含色素差异而呈现不同粒色，如红色、琥珀色、白色、黄色、紫色、蓝色、黑色等。生产上多数品种大体上分为红粒和白粒两种，其余的可称为彩色小麦。通常将小麦种子隆起的一面称为背面，凹陷的一面称为腹面，腹面有深浅不一的腹沟，腹沟两侧称为颊，顶端有短茸毛，称为冠毛，背面的基部是胚着生的部位。

小麦种子由皮层、胚和胚乳3部分组成。皮层包裹在籽粒外面，由果皮和种皮构成，果皮由子房壁发育而成，种皮由内胚珠发而成。皮层厚薄不一，占种子总重量的5%～7.5%。胚由盾片、胚芽、胚茎、胚根和外子叶组成，占种子总重量的2%～3%。虽然胚在种子中所占比例较小，但其决定了种子的生命力。胚芽包括胚芽鞘、生长锥和已分化的3～4片叶原基，以及胚芽鞘原基，胚芽、胚根和盾片由胚轴相连。种子萌发时，胚芽发育成小麦地上部分，即茎和叶。胚芽鞘是包在胚芽以上的鞘状叶，萌发后其与第一片叶之间部分伸长形成地中茎。胚根包括主根及位于上方两侧的第一、二对侧根。胚乳由糊粉层和淀粉层组成，占种子重量的90%～93%，是小麦主要的食用部分，其中糊粉层约占种子重量的7%，均匀分布在胚乳的最外层，主要由纤维素、蛋白质、脂肪和灰分组成，淀粉层由形状不一的淀粉粒构成，淀粉粒之间有蛋白质。因种皮质地及胚乳中淀粉和蛋白质类型和含量不同,小麦籽粒可区分为角质和粉质,或者硬质和软质。

小麦的根有什么特点?

小麦的根系是吸收水分和氮、磷、钾等矿质营养的器官,发育良好的根系是高产的基础。小麦的根由种子根(胚根、初生根)和次生根(节根、不定根)组成。种子根由胚根发育而来,小麦种子萌发时,其胚根鞘突破皮层,伸长达1毫米时,主胚根即从胚根鞘中伸出,接着在胚轴的基部又陆续长第一对和第二对侧生根,有时甚至出现第三对侧生根,当生长到10～15厘米长时,开始发生一级分枝根,在以后生长中,从一级分枝根上可长出二级分枝根,依次类推,多时有四级,当第一片真叶抽出以后,分枝根不再发生。次生根是由簇生在分蘖节的各叶节上发生的,小麦主茎次生根最早发生在芽鞘节上,与主茎的第3叶同时发生,即次生根发生的起始叶龄期为3叶期,其余各节发根与主茎出叶呈现(n-3)的同伸关系,即当第n叶抽出期,(n-3)叶节着生的节位上节根开始发生。

小麦发生次生根的最上节位为基部第一伸长节间的下位节,即植株下方第1抱茎叶节(倒2叶发生),如11叶的品种,发生次生根的主茎上有8个节,小麦次生根实际能发生的总节位数是分蘖节位数加1,即为9个。分蘖各叶节次生根发生规律基本同于主茎。

小麦的根由各发根节位上分化的根原基发育而来,根原基是在发根节的边周部维管束环上发生的,与叶的大维管束连通,叶片的维管束越多,节中分化的根原基也越多。叶片的维管束数量是随叶位上升而增加的,所以各发根节位上的根原基数亦由下向上逐渐增多,同一茎蘖随节位提高,发根数增多,如芽鞘、1、2叶节每节发根1～2条,3、4叶节每节发根2～3条,5、6、7叶节每节发根2～4条。分蘖的近根节上也能发生根系,但发生数量与主茎分蘖节上的发根数量不一样多,分蘖鞘节一般为1条,极少2条,1～5节位每节发根2～4条。

分蘖期粗壮的麦苗,具有较多的维管束,是形成较多根原基的物质和组织基础,但根原基能否发育生长,取决于发根时的麦苗营养状况和外部环境条件。通常一株小麦次生根数一般为20～30条，最多可达70～80条。

根系的发生时间从种子萌动开始，可以一直延续到抽穗开花期，其中种子根于种子萌动时开始发生，主胚根先向下生长，侧生胚根先横向生长，和垂直线呈60°角，长至5～30厘米时，往下生长，到主茎第一片真叶抽出后停止发生。次生根的发生从3叶期开始，抱茎叶节根要倒2叶开始发生，但在营养充足的条件下可持续发生至抽穗开花期。

根系的发生有两个高峰期，一是冬前分蘖期，次生根大都从主茎的分蘖上长出；二是在春季拔节期，此时是小麦一生中发根力最旺盛的时期，新根成倍地增加，尤以分蘖次生根的增加率为高，根系总干物质的40%～50%是在这一时期积累的。拔节以后次生根的增加率显著下降，根系生长一般持续至抽穗时为止，根系功能可延续到成熟期。

根系主要分布在0～40厘米土层中，其中在0～20厘米土层内占70%～80%，20～40厘米占10%～15%，40厘米以下占10%～15%。小麦根量的垂直分布因产量水平，土壤条件而不同，产量越高，中下层根量占比例越高。浅耕条件下根系多分布于0～15厘米，不能充分利用耕层的下层肥力和水分。

⑨ 小麦的茎有什么特点？

小麦的茎由节和节间组成，支持着小麦植株地上部分。小麦主茎的总节数（胚芽鞘节到穗茎节），等于主茎叶片数+2，即（N+2），如主茎11叶的品种有13个节。小麦的地下节间一般不伸长，缩在一起组成分蘖节。地上节和伸长的节间构成茎秆。小麦茎秆幼时为绿色，成熟时为浅黄色，少数品种带有紫色，节上长叶，茎在节处的直径狭窄，常为实心横隔，节的内部结构复杂，由三类维管束系统组成，节内三类维管束系统的细小分支相互连接，可直接交换营养物质。

在幼穗生长锥伸长以前（小花小穗原基以前），麦苗分化叶原基时，茎节原基也同时分化形成，叶原基分化终止时，节和节间数基本固定，这时茎上各节都密集缩生在一起，当幼穗进入护颖分化，温度上升到10℃以上时，第一伸长节间才开始伸长，这时分蘖过程趋于停止。小麦茎基部第一节间开始伸长，称生物学拔节期，之后随叶龄进程，各节间依次伸长。基部二个节间伸长的时期是控制基部节间长度的关键时期，生产中通常将全田50％植株基部节露出地面2厘米左右时，称为拔节期（物候学拔节期）。

茎秆生长包括节间的伸长、茎壁增厚和茎壁充实3个过程。节间从开始伸长至定长一般要持续3个叶龄期。节间伸长过程开始缓慢，然后加快，再转慢。各节间按顺序伸长，并有重叠。基部第一节间先开始缓慢生长，当其转入迅速伸长时，第二节间开始伸长，当第一节间伸长减缓时，第二节间迅速伸长，第三节间同时开始伸长，但最上两个节间伸长的重叠时间较长，即倒数第二节间（穗下一节间）的伸长活动一直要持续到开花期才结束，小麦的株高要到开花期才定型。

小麦各节间的伸长与叶片、叶鞘的出生存在一定的同伸关系，一般为：

n叶叶片伸长≈（n–1）叶叶鞘伸长≈（n–1）–（n–2）叶之间的节间伸长。

n叶抽出≈n叶叶鞘伸长≈n–（n–1）之间的节间伸长。

小麦节间的伸长主要依靠节间基部的居间分生组织细胞的分裂和细胞体积的增大。小麦地上部伸长节间数一般为4～6个，在肥水优越的条件下，可出现6个伸长节间。伸长节间数的多少因品种、播期及肥水条件而稍有变化，播期推迟，伸长节间数变少。第一节间开始伸长的叶龄期，均为主茎总叶数（N）减去伸长节间数（n），再加2的叶龄期，即（N–n+2）叶龄期。若简化为倒数叶龄，则为伸长节间数（n）减去1，即n–1倒数叶龄期。

茎节的伸长量与干重的增长量，呈S形增长。在干重增长过程中，当抽穗后，随着茎秆贮藏性干物质开始分解并向穗部转移时，茎秆重量开始下降。抽穗开花后茎秆干物质急剧向穗部转移，灌浆期从茎基部的输出率最高达30％以上，此时茎秆下部机械组织变弱，容易造成倒伏。

小麦节间长度自基部往上逐渐增长，基部第一节间最短，穗下节间最长。节间粗度一般以基部第一节间最粗，随节位上移依次变细，穗下节间最细。茎壁厚度也表现为基部1、2节间最厚，上部较薄，同一节间也是下部较上部茎壁厚。

茎秆不仅作为同化物质运输器官，而且作为同化物质暂存器官，对产量形成起着重要作用。一般说来，基部节间大维管束数量与分化的小穗数呈显著正相关。穗下节间大维管束数量与分化的小穗数约为1∶1的对应关系。在茎秆干重最大时，茎秆中贮存的非结构性碳水化合物可达干重的40％以上，其中主要是果聚糖。当生育后期叶片光合能力下降或干旱、高温等环境胁迫时，茎秆中贮存物质快速分解和转运以支持籽粒灌浆。高产麦田与其他类型田块相比，从茎型来看，主要是基部第一、二节间的缩短，粗度（壁厚度）增加，穗下节间与基部第一节间的比值显著提高，穗下节间占节间总长度的比例增加，株高构成指数提高，使穗部处于良好的受光条件之下，从而有利于增产。

小麦茎秆起着支持叶片和穗等地上部分器官组织的作用，因此当其组织不充实时，会引起小麦倒伏，从而影响籽粒产量。在小麦叶鞘和节间基部存在分生能力强的居间分生组织，这种组织含有大量趋光生长素。当小麦倒伏后，由于生长素的作用，茎秆就由最旺盛的居间分生组织处向上生长，形成小麦茎秆的背地性曲折。这种特性是在生长旺盛的分生组织中进行的，衰老或已经固定的节基部缺乏这一特性，因此不同时期倒伏，背地性曲折部位不同，随着倒伏发生的推迟，背地性曲折部位上移。一般说来，倒伏发生越早，减产越重。拔节期倒伏会导致穗部性状严重变劣，减产可达80%；孕穗期倒伏，减产达40%～50%；抽穗至开花期倒伏，减产达30%～40%；灌浆期倒伏，影响粒重，减产约20%，乳熟后期倒伏，对产量影响较小，可能减产5%。倒伏不仅影响产量和品质，而且对机械收获带来极大困难。因此，利用抗倒伏品种并通过栽培措施，建立合理的群体结构，改善小麦株内及行间光照条件，改善营养状况，控制拔节期基部节间伸长，有利于小麦茎秆基部节间粗短，秆壁增厚，机械组织发达，增加节间有机物贮藏，维管束数量多，直径大，利于养分运转，对提高抗倒伏性有利。

⑩ 小麦的叶有什么特点？

叶是小麦进行光合、呼吸和蒸腾作用的重要器官。小麦的叶包括真叶和变态叶（如胚芽鞘、分蘖鞘、颖壳、苞叶、外子叶、盾片等）两种类型。小麦的真叶由含有完整的叶组成，包括叶片、叶鞘、叶舌、叶耳、叶枕等部分。我国普通冬小麦品种，在各地正常播期下，主茎总叶数（真叶）变动为8～17片。早播叶片增多，晚播叶片减少，相同播期下，肥足密度低的往往比肥少密度高的叶片偏多。

小麦叶片的分化与形成大致可以分为叶原基分化期、细胞分裂期、细胞伸长期3个时期。

（1）**叶原基分化期**。叶原基是生长锥基部的分生细胞分化而来，在种子胚芽中已分化出2～3片胚叶。出苗至分蘖期间茎生长锥分生组织继续分化叶原基，到幼穗小穗分化时叶原基分化结束（过去认为生长锥伸长时分化结束）。小麦主茎总叶数多少因品种、播期及栽培条件不同而有差异。一般春性品种9～11叶；半冬性12～13叶；冬性13～15叶。春小麦分化的叶原基数明显少于冬小麦。

（2）**细胞分裂期**。已分化出的叶原基，接着便开始细胞分裂增生活动，当叶片长度达7～8毫米时，叶片细胞分裂结束，开始分化叶鞘。

（3）**细胞伸长期**。叶片顶端细胞先开始伸长，在同一张叶片上，有时会观察到顶端细胞已经开始进入伸长期，而基部细胞还处于分裂期。

为调节光合群体的需要，控制或促进叶面积时，应掌握在叶片细胞分裂期。因为一旦叶片细胞分裂结束，只能影响细胞伸长，不能影响细胞数目的行数，对叶长还有作用，而对叶宽作用甚小。

叶片和叶鞘伸长存在一定的同步关系，表现为：

n叶叶片伸长≈（n−1）叶叶鞘伸长≈（n−2）叶叶片定长≈（n−3）叶叶鞘定长

小麦的各叶叶片大小因分布因生态条件、产量水平而有所差异，目前生产条件下5张茎生叶叶长、叶宽和叶面积分布表现为倒2叶（记为2，下同）＞1＞3＞4＞5或者2＞3＞1＞4＞5，且受品种专用类型的影响。长江中下游麦区中筋小麦高产群体，旗叶、倒2叶叶面积均较低产群体大，形成较大的光合面积；倒3叶的长度及叶面积较小，虽然形成的光合面积不大，但这种较短小的叶型有利于群体中下部的透光，提高了光合效率，同样有利于增产。弱筋小麦上3叶叶宽、旗叶与倒3叶叶长、旗叶与倒2叶叶面积均是高产群体（产量≥500千克/亩的所有群体）＞优质高产群体（品质符合国标要求，产量≥500千克/亩的群体）＞优质群体（品质符合国标要求的所有群体），而倒2叶叶长、倒3叶叶面积之间的差异不显著。

小麦的叶片具有光合、呼吸和蒸腾等生理功能，小麦一生中所积累的生物产量大部分为叶片所制造。通常将小麦叶片从露出叶尖到叶片定长为伸展期；从叶片定长到开始定枯黄为功能期，功能叶片将大量光合产物由积累转向输出；从开始枯黄（枯黄1/3）到枯死为枯衰期，光合产物供给自身，基本无输出。由于外界温度、肥水等条件的影响，小麦叶片的出叶周期、伸展期、功能期和枯衰期长短差异很大。

叶片的光合能力是逐步提高的，正常条件下，一张叶片自出生到叶片长度达定型叶长的1/4以前，其光合能力不强，不仅不能输出光合产物，而且还要输入光合产物供其生长，当叶长达定型叶长的1/2以上时，才能开始输出光合产物，成长定型叶的光合能力最强，衰老叶片光合能力下降，当其叶面积枯黄30%以上时，则不再有剩余的光合产物输出。

不同层次叶片的功能期由下向上呈现"长—短—长"的变化，春性小麦越冬前出生的1/0～5/0功能期最长，越冬至返青期出生的6/0～7/0功能期最短，拔节至孕穗期生的8/0～11/0功能期又延长。

由于各张叶的功能期和各部器官的形成在时间上的更迭，以及各张叶片在植株上着生部位的不同，各叶片对器官的发育和产量的形成有"分工"现象。近根叶组是生长在分蘖节上的叶片，如主茎11叶的品种为第1至第7叶，13叶的品种为第1至第9叶，与小麦分蘖的发生特别是低位分蘖的发生基本同步，主要功能是在越冬前为麦苗冬前出叶、分蘖、发根提供养分，并为麦苗越冬生长提供营养，返青期则为麦苗发生春生分蘖与根系提供养分，并为拔节奠定物质基础，中层叶组是在无效分蘖期至拔节初期长出的叶片，如主茎具11叶的品种为第7、8、9三片叶，13叶的品种为第9、10、11三片叶。主要功能是在拔节前供应返青期出叶、分蘖、发根和分化小穗原基所需养分，并为节间伸长奠定基础，拔节以后除继续供应出叶、分蘖、发根外，主要供植株基部第1和第2节间伸长、长粗和充实以及分化小花原基，因而对巩固分蘖、促进根系生长、加强小花分化和茎秆基部节间的充实等都有直接的促进作用。但这几张叶片的发生与无效分蘖的发生及拔节同步，如11叶品种，7/0～8/0供基部第一节的伸长、长粗和充实，8/0和9/0叶供基部第二节的伸长、长粗和充实，这些叶片如扩展过大，必然会导致无效分蘖过多，节间伸得过长、群体中部和下部受光量不足，影响根系生长和壮秆的形成，进而削弱了群体中后期的光合效率，不利于高产，故对这些叶片的生长应给以适当的控制。

上层叶组是小麦植株上的最上3片叶，如主茎具11叶的品种为第9、10、11三片叶，13叶的品种为第11、12、13三片叶，与小穗、小花的退化同步，主要功能是抽穗前主要供小花分化和中、上部节间伸长、长粗和充实，抽穗后的光合产物主要供籽粒灌浆。小麦抽穗后，顶上3片叶是籽粒灌浆物质的主要供给者，因而对小麦籽粒产量的影响最大。适当扩大顶上3叶的面积，延长顶上3叶的寿命，是防止退化、攻取穗大、籽饱的形态学基础。

叶片功能分组是可转变的。如主茎出叶11叶片的品种，7/0、9/0叶为两相邻叶组的递变叶。当上层叶出现以后，原来的叶层叶并未枯死，其功能作用只是输向地下部根系和维持本身呼吸消耗，同时也为抽穗以后籽粒灌浆进行物质贮存（叶鞘与茎秆）。这些贮存物质占籽粒灌浆物质的5%～10%，尤其在低氮下作用更大。

11 小麦的分蘖有什么特点？

分蘖是小麦长期适应环境条件而系统发展的结果，小麦分蘖发生的时间、数量和质量反映麦苗生长的壮弱，并影响群体的发展和决定产量的高低，而分蘖力的大小受生态环境影响较大。

小麦的分蘖由簇生于麦株基部发蘖节上各叶的腋芽（分蘖芽）生长形成（地上部茎生各叶的腋芽一般休眠）。正常生长条件下，当小麦主茎第3叶出生时，在芽鞘节上可以发生分蘖，而当茎的基部节间开始伸长后，腋芽不再萌发形成分蘖，故小麦分蘖节的叶位数约有[（主茎总叶数（N）-伸长节间数（n-1)]个，即（N-n-1）个（如将芽鞘作为0位叶处理，则分蘖节的叶位数＝N-n）。可见，芽鞘节（0位叶节）是最低分蘖节位（但该节位分蘖的发生率和成穗率较低），第1/0叶（主茎第1叶）是实际的最低分蘖叶位，（N-n-1）叶节是最上的分蘖叶位。如11叶、5个伸长节间的小麦品种，主茎具有分蘖叶位数是5个，第5/0是最上部的分蘖发生叶位。一个品种分蘖期的长短、分蘖力的强弱，取决于该品种生育期的长短和分蘖叶位的多少及营养物质供应能力的强弱。

小麦分蘖力又称为小麦分蘖性，指小麦分蘖的特性和能力，用小麦单株分蘖数表示，即单位面积总茎数除以基本苗数。分蘖力的强弱，也就是小麦分蘖能否发生和发生多少与小麦品种和栽培条件密切相关。一般冬性品种比春性品种分蘖力强，早播比晚播小麦分蘖发生多，土壤肥力高、墒情好、管理得当的田块比肥力差、干旱或渍水田块分蘖多。分蘖成穗率是指成穗的有效分蘖（包括主茎和分蘖）占总茎数（包括主茎和分蘖）的百分率，调查时一般在高峰苗时调查田间单位面积总茎数，即最高总茎数（高峰苗数），成熟时再调查单位面积总穗数，以总穗数除以最高总茎数，再换算成百分率即为分蘖成穗率。

　　小麦分蘖未必能最终成穗，能成穗结实的分蘖称为有效分蘖，生长过程中退化而不能成穗结实的分蘖称为无效分蘖。分蘖的数量因品种、春化特性、生态环境及栽培条件的变化而变化，一般冬性小麦分蘖多，半冬性小麦和春性小麦依次减少。冬小麦分蘖较多，春小麦分蘖少。一般条件下，北部冬麦区适期播种生长正常的冬性品种一般每亩最高茎蘖数（高峰苗数）在100万株以上，有时甚至高达150万～200万株。长江中下游春性品种一般每亩最高茎蘖数在50万株以上，有时高达80万株以上。小麦分蘖在起身至拔节期开始向两极分化，影响分蘖能否有效的因素中，最重要的内因是母茎拔节期分蘖其自身是否具有较发达的独立根系。已经具有较发达的根系的低蘖位和低节位分蘖可继续生长，并逐渐抽穗，成为有效分蘖，高蘖位、高节位的分蘖逐渐枯黄死亡，成为无效分蘖。正因为如此，这一时期也是小麦肥水管理关键时期，肥水充足，可以增加有效分蘖，促进分蘖成穗，提高成穗率。如果肥水不足，小麦植株营养不良，则会出现大量分蘖衰亡，无效分蘖增加，有效分蘖减少。出现倒春寒的年份，主茎及大分蘖有时会冻死，此时加强肥水管理，可促进原来可能衰亡的高蘖位或高节位小分蘖迅速生长而发育成穗，成为有效分蘖。

　　影响小麦分蘖发生主要有以下几方面因素：

　　（1）品种。不同类型的品种分蘖力有很大差异。冬性品种的春化时间长，从开始分蘖到分蘖终止期所经历的时间也长，主茎生长的叶片数多，分蘖量也多，分蘖力强。春性品种的春化时间短，分化的叶片数少，分蘖量也少，分蘖能力弱。半冬性品种的分蘖能力介于冬性品种和春性品种之间。同一类型的品种，冬性越强分蘖能力越强，春性越强分蘖能力越弱（图1-2）。生产上常用的多穗型品种分蘖能力较强，大穗型品种分蘖能力较弱。

图1-2　同一品种的小麦分蘖状况

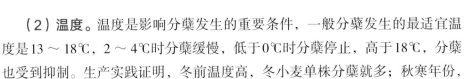
（2）温度。温度是影响分蘖发生的重要条件，一般分蘖发生的最适宜温度是13～18℃，2～4℃时分蘖缓慢，低于0℃时分蘖停止，高于18℃，分蘖也受到抑制。生产实践证明，冬前温度高，冬小麦单株分蘖就多；秋寒年份，分蘖较少，而且苗弱；过晚播种，由于温度低，容易形成无分蘖的独秆弱苗。

（3）土壤水分。最适合分蘖发生和生长的土壤水分为田间持水量的70%～80%，低于这一指标时，影响分蘖生长，过于干旱则不能产生分蘖或出现分蘖缺位。所以一般水浇地小麦的分蘖多，但土壤水分过多，如超过田间持水量的80%时，由于土壤通气不良，缺少氧气，影响分蘖的正常发生和生长，同时会造成黄弱苗。

（4）土壤养分。小麦分蘖的生长发育需要大量的可溶性氮素和磷酸，所以苗期单株营养面积合理，土壤养分充足，尤其是氮磷肥配合施用作底肥，对促进分蘖的发生和生长发育有重要作用，有利于形成壮苗。在生产上，常常通过调节水肥等措施，实现促进或控制分蘖的目标。

（5）播种期、播种密度和播种深度。播种期对分蘖的影响主要体现在温度的影响上，播期适宜，温度合适，对分蘖发生和生长有利。早播温度过高不利分蘖生长，还容易造成幼苗徒长，易感染病害。晚播温度降低也影响分蘖发生和生长。播种密度过大，植株拥挤，单株所占营养面积小，发育不良，不利于分蘖。播种过深，幼苗出土时消耗养分过多，出土后幼苗细弱，植株分蘖显著减少，播深超过5厘米时，分蘖就会受到抑制；超过7厘米时，幼苗明显细弱，很难发生分蘖，或者分蘖晚、少、小，不能成穗。因此生产中掌握合适的播种深度也是培育多蘖壮苗的重要措施。

12 什么是叶蘖同伸？

小麦叶的发生和分蘖的发生具有一定的对应关系，这一关系称为叶蘖同伸。主茎出叶和分蘖的同伸规则呈N-3的规律，就是说，当主茎第3叶（用3/0表示）抽出，在下方的芽鞘节（3-3=0）叶腋内抽出分蘖（用A表示），当主茎第4叶（4/0）抽出，下方第1/0叶（4-3=1）叶腋内抽出分蘖（称为第1分蘖，用Ⅰ表示），当主茎5/0抽出，下方第2/0叶（5-3=2）叶腋内抽出分蘖（称为第2分蘖，用Ⅱ表示），依次类推（表1-2）。因而3/0叶龄是小麦分蘖发生的起始叶龄期，（N–n–1）叶位是最高分蘖发生叶位。

表1–2　小麦分蘖发生与叶龄的同伸关系

叶龄	1/0	2/0	3/0	4/0	5/0	6/0	7/0	8/0	9/0	10/0	11/0
				1/I	2/I	3/I	4/I	5/I	6/I	7/I	8/I
					1/II	2/II	3/II	4/II	5/II	6/II	7/II
						1/III	2/III	3/III	4/III	5/III	6/III
						1/Ia	2/Ia	3/Ia	4/Ia	5/Ia	6/Ia
							1/IV	2/IV	3/IV	4/IV	5/IV
							1/I1	2/I1	3/I1	4/I1	5/I1
							1/IIa	2/IIa	3/IIa	4/IIa	5/IIa
									……	……	……
茎蘖数（不计A）	1	2	3	5	8	13					

（N–3）的叶蘖同伸规律，不仅适用于从主茎上直接发生的分蘖（称为一级或一次分蘖），也适用于分蘖上再发生的分蘖（其中从一次分蘖上直接发生的分蘖称为二级或二次分蘖，由二次分蘖上发生的分蘖称为三次分蘖，依次类推）。即（N–3）的叶蘖同伸规则不仅存在于主茎和一次分蘖之间，也存在于二次、三次分蘖之间。如小麦主茎7/0抽出时，它的子蘖第1蘖的第4叶（用4/Ⅰ表示）、第2蘖的第3叶（3/Ⅱ）、第3蘖的第2叶（2/Ⅲ）、第4蘖的第1叶（1/Ⅳ）同时抽出，同时与孙蘖——第Ⅰ分蘖的分蘖鞘分蘖第2叶（用2/Ⅰa表示）、第Ⅰ分蘖的第1叶腋内分蘖的第1叶（1/Ⅰ1）、第Ⅱ分蘖的分蘖鞘分蘖第1叶（1/Ⅱa）同时抽出，即小麦7/0、4/Ⅰ、3/Ⅱ、2/Ⅲ、1/Ⅳ、2/Ⅰa、1/Ⅰ1和1/Ⅱa等都是同伸叶。

根据以上同伸规律，可以从主茎分蘖期出叶的叶龄数，计算出单株最大的理论分蘖数，供确定基本苗时计算应用。

小麦第四片叶发生后，开始出现分蘖，此后主茎每长1片叶，植株就应生出一个分蘖。但在小麦生长发育过程中如果遇到逆境胁迫或管理不良时，蘖芽会停止发育，从而引起该蘖位的分蘖缺失，这种现象称为分蘖缺位。分蘖缺位的发生说明小麦生长发育出现异常，需要加强田间管理，尽量避免或减少分蘖缺位的发生。

13 什么是小麦叶龄、叶龄指数和叶龄余数？

叶龄、叶龄指数和叶龄余数是小麦苗情调查与分析时常用的概念。

叶龄是指主茎已出生的叶片数，如主茎刚生1片叶时叶龄为1，第二叶长到一半时的叶龄为1.5，第二叶展开时叶龄为2，依此类推。叶龄与小麦生长积温密切相关，早播的小麦积温比晚播小麦在同一调查时期积温高，因而叶龄相应比较早。

小麦叶龄指数指小麦生育期中主茎已展开的叶片数与总叶片数的比值。即，叶龄指数=调查时叶龄/主茎总叶片数×100%。例如，一个冬小麦品种适期播种的叶片总数为12片，拔节期的叶龄数为9叶期，此时的叶龄指数=9/12×100%=75%。

叶龄余数指主茎叶片的余数，即主茎上还没有出生的叶片数。同一品种在同一区域适期播种条件下的叶片总数基本是确定的，如果这一品种叶片总数为12片，那么生出第1片叶时，叶龄余数为11，第2叶长出一半时叶龄余数为10.5。

14 什么是小麦穗分化？

小麦的穗在植物学上称为复穗状花序，是由带节的穗轴和着生其上的小穗组成，穗轴由节位组成，每节着生一枚小穗（在同一穗的节上有时也见有复生或列生小穗）。每个小穗由两片护颖、一个小穗轴（小枝梗）和数朵小花组成，每朵小花包括内稃、外稃、3个雄蕊、1个雌蕊和2个浆片。

麦穗的稃片和茎含有很多的叶绿体，能进行光合作用，它的同化产物大部分保留在穗中，供麦粒灌浆充实之用，一个麦穗的芒的展开面积可达旗叶的1/3，麦芒可使粒重下降11.3%。

小麦的幼穗是由茎顶端生长锥分化形成的，在植株度过春化阶段以前，茎顶端生长锥的基部在不断分化叶原基和蘖芽原基，春化阶段后，进入幼穗分化期，根据其在穗分化过程中形态的不同，分为生长锥伸长期、单棱期（穗轴节片原基分化期或苞分化期）、二棱期（小穗原基分化期）、小花原基分化期、雌雄蕊原基分化期、药隔形成期和四分体期（或再分为花粉母细胞形成期、四分体期和花粉粒形成期）。前4期是小穗数增加期，中间2期是小花数增加期，后4期是防止退化、提高可孕小花数期。

单棱期经历的叶龄期，品种间的差异最大，有1～4个叶龄期。总叶龄少的经历时间较短，总叶龄多的经历时间较长。例如，9～10叶的品种，单棱期处于4～5叶期，约经1个叶龄期；11～12叶的品种，单棱期处于5～6叶期，经1～1.5个叶龄期；13～14叶的品种，单棱期处于6～8叶或7～8叶期，经2个叶龄期；15～16叶的品种单棱期处于6～9叶或6～10叶期，经3～4个叶龄期。

当发育最早的小花进入四分体期后，1～2天内凡能分化到四分体的各小花，集中发育到四分体期。此时全穗已停止分化新的小花。未发育到四分体的小花则停止在原有的分化状态，在4～5天内先后退化萎蔫。

四分体期是小花两极分化的转折点。已形成四分体或花粉粒的小花，也可能因不良环境条件影响花粉发育或受精，导致不能结实。

小花退化的形态生理机制目前还不完全清楚。多数观点认为，一是发育时间限制，幼穗内不同部位小穗、小花发生时间不同，分化进程也存在明显差异，每穗内小穗的分化顺序是中、下部—中部—中、上部—基部—顶部，而不同小穗位的同位小花分化顺序却是中部—中、上部—中、下部—顶部—基部。同一小穗内小花从基部向顶部顺序分化，其中1～4朵小花分化强度大，平均1～2天形成一朵，以后分化转缓，需2～3天形成一朵。因一穗内不同小穗小花分化时间的差异和发育的不均衡性，同一小穗内晚形成的上位小花容易退化，穗基部和顶部小穗，特别是基部小穗容易成为不孕小穗（全部小花退化）。二是养分输导组织结构差异，三是营养限制，这可能是小花退化的重要原因。在小花原基分化至开花期，伴随穗分化和发育，茎秆迅速伸长生长，穗与茎之间以及穗内小穗、小花之间存在着对同化物的竞争。在这种竞争中，穗相对于茎秆、晚发育的小花相对于早发育的小花是弱势库。有调查表明，开花期每个可育小花需要占有穗干物质约10毫克。现代矮秆品种比传统高秆品种具有较多的穗粒数，主要是因为矮秆基因降低了茎秆的生长，使开花前植株同化物较多地分配到穗中。

⑮ 怎样以叶龄诊断麦穗分化进程?

了解小麦幼穗分化进程需要剥出幼穗并在显微镜下观察,在生产上难以实现。生产上可利用叶龄进程与幼穗分化进程之间的对应关系来推测,同类品种内的发育进程基本一致,不同品种间,叶数少的开始得早,叶片数多的开始得迟(表1-3)。幼穗伸长期对9～10叶的品种来说,多始于3叶期;11～12叶的品种,始于4叶期;13～14叶的品种,始于5叶期;15～16叶的品种,始于5～7叶期。幼穗伸长期经历的时间较短,多数品种约经1个叶龄期(0.5～1.5个叶龄期)。幼穗的二棱期大体处于第5叶期,或倒6叶至倒5叶期,或倒7叶至倒5叶期,经1～2个叶龄期。而小麦的小花原基分化期,各品种都开始于倒4叶期,和生物学拔节期相吻合。雌雄蕊分化期处于倒3叶期至倒2叶期初,药隔形成期处于倒2叶期至旗叶出生初期。旗叶抽出过程至孕穗期,经历花粉母细胞形成、减数分裂及四分体形成期。

表1-3 麦穗分化时期与叶龄和叶龄余数的关系

麦穗分化时期	叶龄		叶龄余数	伸长节间
	11叶品种	13叶品种		
生长锥伸长期	3.5叶	5.5叶		
单棱期	4.5叶	7.0叶		
二棱期	5.8叶	7.8叶		
二棱后期	6.5叶	8.5叶	倒5叶出生一半左右	
护颖原基分化期	7.2叶	9.2叶	倒4叶出生(露尖)	基部第一节间开始伸长
内外颖原基分化期	7.4叶	9.4叶	倒4叶出生期	基部第一节间伸长
雌雄蕊原基分化期	8.5叶	10.5叶	倒3叶出生	基部第一节间快速伸长,第二节间开始伸长
药隔形成期	9.7叶	11.7叶	倒2叶出生	第三节间开始伸长
花粉母细胞形成期	10.7叶	12.7叶	旗叶抽出期	第四节间开始伸长
减数分裂期	孕穗期	孕穗期	叶耳距为0时开始,2～4厘米为盛期	第五节开始伸长
花粉粒充实期	抽穗期	抽穗期	抽穗期	

16 什么是小麦返青和拔节？

小麦返青是越冬后小麦恢复生长的现象和过程，返青的标志是田间有50%以上植株心叶转绿，并长出 1～2 厘米。北部冬麦区，冬季小麦叶片枯黄，早春返绿，返青期较明显，南方冬麦区小麦植株在冬季一直保持绿色，因而无明显的返青期。

拔节是小麦节间伸长的现象和过程。主茎基部第一个节间开始伸长即进入拔节，节间伸长从下向上按一定顺序进行，相邻的节间有一段同时生长的时间。全田有50%以上主茎第一节间伸长 1.5～2 厘米时，则表示进入拔节期。

17 什么是小麦孕穗、抽穗和开花？

小麦旗叶展开时，小麦主茎内部穗分化处于花粉母细胞形成四分体前后，外表上看在旗叶的叶鞘处明显膨大，此时即为小麦孕穗，全田有50%以上植株进入孕穗状态即为孕穗期。小麦穗分化完成后，在旗叶展开10天左右，小麦穗从旗叶叶鞘管中逐渐伸出，称为抽穗，全田 10% 植株抽穗时称为始穗期，50%以上植株抽穗时，称为抽穗期，80%以上抽穗时称为齐穗期。抽穗后 3～4 天小麦植株即可开花。

抽穗后小麦进入开花生育进程，小花的内外稃张开，同时雌蕊的柱头和雄蕊的花丝迅速生长，花丝在伸长时将花药带出花颖之处，此时花药已经开裂，花粉从花药中散出，这就是小麦的开花，又称为扬花。花药散粉变空后，雄蕊花丝失去膨压，花药在小花外下垂，两片花颖开始接近，小花重新闭上。开颖持续 15～20 分钟，时间长短因品种和外界条件而异。

花粉散出后落在柱头上 1～2 小时后开始发芽，经过 1～1.5 天，花粉穿过花柱，钻入子房，沿着珠被外壁前进，开始由珠孔进入胚囊。其中一个雄性配子趋向卵细胞，结合后成为合子，以后发育成胚，另一个雄性配子与胚囊的两个中央细胞结合，其后发育成胚乳，这就是小麦的授粉受精过程。

小麦一般抽穗后 3～4 天小麦植株即可开花。开花先后受气温影响，如果抽穗时气温高，可能在麦穗抽出时即开花，如果气温较低，也可能在抽穗5～10天才开花。小麦昼夜都在开花，夜间不如白天开得多。一般品种在一昼夜中出现两次开花高峰，第一次为9：00～11：00，第二次为15：00～18：00。主茎穗先开，然后依分蘖的次序开放；在同一穗上，中部小穗先开，然后向上向下；一个小穗内，基部小花先开，然后向上逐渐开花。一个穗上开花可持续3～5天。

小麦最适宜的开花气温是15～20℃、相对温度为80%，晴朗微风对开花授粉最为有利。高温干旱使开花时间缩短，低温潮湿使其延长。开花时遭遇0℃以下低温时，花粉粒受损会造成不孕，气温超过36℃时，且空气和土壤干旱，也会引起小麦受精不良。

18 籽粒怎样形成？

小麦开花受精后，受精卵分裂，子房内形成胚乳核，并沿胚囊边缘增殖，最后胚囊被胚乳细胞充满，胚与胚乳组织的增殖大致同时完成。这一过程持续12～15天。

从外部形态来看，麦粒体积增加先长长度，后长宽度、厚度。受精后，受精卵和初生胚乳核形成，子房体积迅速增大，称之为坐脐。分裂增殖（花后）9～11天后，籽粒长度达最大值3/4左右，称为多半仁，含水率在70%以上；花后12～15天，长度达最大值，称为青籽圆。长度达最大值后，宽度、厚度加速增长，此时，籽粒发育基本完成，已具有发芽能力。此期干重增加缓慢，籽粒中有稀薄而稍黏的液体。若营养不良，籽粒会中途停止发育，影响结实粒数。

整个籽粒长、宽、厚的增长过程可用二次曲线 $Y=a+bx+cx^2$ 较好地拟合，籽粒长度一般在花后24～25天达最大值，宽度比长度达最大值的时间推迟1天左右，而厚度在花后28～29天达最大值。花后12天籽粒长、宽、厚接近最终值的80%。不同粒位间籽粒大小有差异，在开花当日差异不显著，从开花后第2天差异开始增大，3粒小穗以第2粒的长、宽、厚均较其他粒位籽粒大，第3粒最小。

从内部结构来看，籽粒形成时，胚乳外层分化为糊粉层，其内为淀粉贮藏细胞，淀粉是以淀粉粒形式贮藏于胚乳细胞，同一细胞中各淀粉粒大体以一致的速度增大，各个细胞中淀粉粒数大致相等，因此，籽粒的形成期是扩大单位库容的关键时期，胚乳细胞数多，骨架大，贮藏淀粉和蛋白质能力大，籽粒容积大，粒重才可能高。胚乳细胞分裂受环境和栽培条件影响很大，关键是增加花后同化物供给量。胚乳细胞在花后11～15天基本停止分裂，18天时全部胚乳细胞停止分裂。此后开始大量积累养分，进入灌浆成熟期。

 ## 什么是籽粒灌浆成熟？

籽粒容量决定于籽粒形成的胚乳细胞数，但籽粒的充实度则决定于灌浆强度和灌浆历期的长短，从籽粒形成到成熟，根据籽粒体积变化、干物质积累、水分含量变化可分为三个时期：

（1）**乳熟期**。籽粒形成以后，体积迅速增大，是干物质积累最快的时期，几乎成直线增长。氮素积累可达最后总含量的70%～80%，碳水化合物达50%～60%，含水率由70%左右降到45%左右。乳熟期一般为13～15天，到乳熟末期籽粒体积和鲜重达最大值称顶满仓。籽粒乳熟期间，植株下部叶片和叶鞘变黄，中部叶片也开始变黄，但叶鞘和上部叶、茎、穗仍保持绿色，籽粒呈黄绿色，可挤出含淀粉粒的白色浆液，故称乳熟期。

这时除光合作用所产生的物质大量运送到籽粒外，原来贮藏于茎、叶中的物质也不断分解向籽粒中灌浆。

在气温低、湿度大的条件下，乳熟期可达16～18天。乳熟期越长，积累的养分越多，籽粒越充实。在高温干旱条件下，乳熟期缩短，积累养分少，籽粒瘦小。

（2）**蜡熟期**。氮素和碳水化合物继续向籽粒输送，籽粒中的可溶性物质大量转化为不溶性贮藏物质，粒色开始变黄，种子体积开始缩小，胚乳不呈乳汁状而呈蜡状，故称蜡熟期。

蜡熟期植株逐渐变黄，光合作用渐趋停止，下部和中部叶变脆，茎秆仍有弹性，上3片叶开始发黄，穗下节间呈金黄色。茎叶中营养物质继续向籽粒输送（仅顶部小穗着生穗轴节片和小穗柄呈绿色），这一时期长5～7天，到蜡熟末期，粒重达最大值，含水量由乳熟末期的45%下降到20%左右。麦粒呈

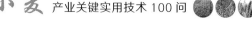

品种固有的颜色，是收获适期。

（3）完熟期。植株枯黄变脆，穗茎易折断，麦粒变硬，含水率下降到14%～16%。易从粒壳脱落，在完熟期籽粒干重不再增加，籽粒以进一步完成形态和生理成熟为主，若不及时收获，由于雨水淋溶，呼吸消耗，籽粒干重会下降（含水率下降到13%～14%，吸收消耗增加1倍），同时由于还会发生穗发芽，机械落粒增加，品种变劣，造成损失。

在小麦籽粒形成与成熟过程中，籽粒干重与含水率各有一定规律性。籽粒受精发育后，由于碳水化合物等有机物的输入和积累，籽粒重量不断增加，其增加速度有"慢—快—慢"的变化，即籽粒形成期增加速度缓慢，输送籽粒中的有机物主要用于籽粒形态建成；乳熟期增加较快，籽粒形成以后，输送进来的物质主要是贮存积累；蜡熟期植株开始衰亡，物质生产量开始下降，输送给籽粒的光合产物也减少，且由于籽粒贮藏物质积累已到一定水平，受库容积所限也有关系，整个过程呈S形曲线。

20　什么是小麦产量？

通常所说的小麦产量是指小麦的经济产量。经济产量是指单位面积土地上所生产的籽粒产量，经济产量是小麦植株光合作用产物向籽粒中运输、积累和贮存的结果，它体现了某一品种小麦在一定条件下的有效生产力。

单位面积上所收获的所有干物质的重量是小麦的生物产量，包括小麦秸秆和籽粒的干重，一般不包括地下部根系。生物产量是茎叶光合作用的产物积累的结果，体现了小麦在一定条件下的总生产力。

经济产量与生物产量的比值是经济系数，当生物产量一致时，经济系数越高则经济产量越高。经济系数与品种特性、种植密度、肥水管理和病虫草害防控等相关。

小麦的经济产量由3个要素（因素）构成，包括单位面积穗数、每穗粒数和千粒重。这3个要素也叫小麦产量结构，三要素的乘积就是单位面积小麦产量。一般情况下，产量三要素之间存在一定的制约性，当三要素最协调时，小麦产量达到最大化。

第二章

品质篇

21 什么是小麦品质?

小麦品质是指小麦籽粒对某种特定最终用途的适合性,也可以说是指其对制造某种面食品要求的满足程度,是衡量小麦质量好坏的依据。一般认为,小麦品质主要分为营养品质、加工品质两部分。作为商品粮收购时注重籽粒外观,这称为籽粒外观品质或商品品质。小麦籽粒主要是供人(畜)食用的,因此有时将安全性也列入品质指标,称为安全品质。小麦品质分类如图2-1所示。

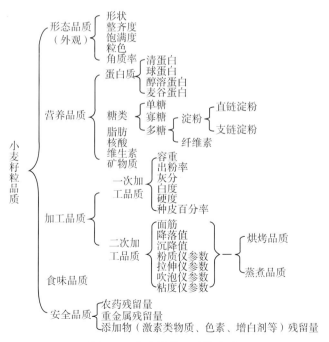

图2-1 小麦籽粒品质的分类

小麦品质的丰富内涵导致了生产者、加工者及消费者对小麦品质各有侧重的不同标准，生产者认为籽粒饱满、角质率高、容重高、粒色好、售价高的小麦品质好；面粉加工者除了上述要求外，还十分重视种皮薄、粒色浅、易磨制、出粉率高和粉质好；食品加工者则十分重视百克面粉的烘焙体积以及食品的外型、色泽和内部质地；消费者则要求其制品有较高的营养价值和良好的口感。仅就食品加工而言，不同的制品又有各自的要求。例如加工面包要求其面粉蛋白质含量较高，且蛋白质质量好，面筋强度高；而加工饼干、糕点食品则宜使用蛋白质含量低、面筋强度弱但延伸性好的小麦面粉，因此需综合各类指标对品质作出判断和评价。

22 什么是小麦外观（商品）品质？

小麦籽粒外观（商品）品质指标包括籽粒形状、整齐度、饱满度、粒色、角质率等。这些品质指标不仅直接影响小麦的商品价值，而且与加工品质、营养品质关系密切。

（1）**籽粒形状**。有长圆形、卵圆形、椭圆形和圆形等，以长圆形和卵圆形为多。加工实验证明，圆形和卵圆形籽粒的表面积小，容重高，出粉率高。此外，小麦腹沟的形状和深度也是衡量籽粒形状的重要指标。一般而言，腹沟面积占种皮总面积的15%～25%。腹沟开裂型的品种，种皮面积和重量占籽粒的比重相对较大，出粉率低；而腹沟闭合型的品种，其籽粒的种皮面积和重量占籽粒的比重相对较小，且能较好地抵御外界微生物的侵染，有利于抗穗发芽和延长贮藏期，在磨粉过程中也可使润麦均匀，受力平衡，方便碾磨。因此，就籽粒形状而言，在小麦育种中，应选择近圆形且腹沟较浅的籽粒。

（2）**整齐度**。指小麦籽粒大小和形状的一致性。同样大小和形状的籽粒占总量的90%以上者为整齐，小于70%为不整齐。籽粒越整齐，出粉率越高，反之，出粉率越低。

（3）**饱满度**。多用腹沟深浅、容重和千粒重来衡量。腹沟浅、容重和千粒重高，小麦籽粒饱满，出粉率高。籽粒饱满度与品质关系尚无定论，但有试验表明，同一品种内，千粒重提高，蛋白质含量降低。一般用目测法将成熟干燥种子分为五级。一级：胚乳充实，种皮光滑；二级：胚乳充实，种皮略有皱褶；三级：胚乳充实，种皮皱褶明显；四级：胚乳明显不充实，种皮皱褶明显；五级：胚乳极不充实，种皮皱褶极明显。

（4）粒色。主要分为红色、白色两种，还有琥珀色、黄色、红黄色等过渡色。一般规定，皮层为白色、乳白色或黄白色麦粒达90%以上为白皮小麦；深红色、红褐色麦粒达90%以上为红皮小麦。国内外研究表明，小麦籽粒颜色与品质无必然联系。白皮小麦因加工的面粉麸星（皮）颜色浅、粉色白而受面粉加工者和消费者的欢迎。红皮小麦休眠期长，抗穗发芽。因此，各地优质专用小麦生产中不能单纯追求籽粒颜色，而应根据具体生态条件和专用小麦类型来决定种植的小麦品种籽粒颜色。

（5）角质率。主要由胚乳质地决定，既可根据角质胚乳或粉质胚乳在小麦籽粒中所占比例表示，也可根据角质籽粒占全部籽粒的百分数计算。角质，又叫玻璃质，其胚乳结构紧密，呈半透明状；粉质，胚乳结构疏松，呈石膏状。凡角质占籽粒横截面1/2以上的籽粒，称角质粒。含角质粒50%以上的小麦称硬质小麦。硬质小麦含蛋白质、面筋较多，主要用于制作面包等食品。粒质特硬、面筋含量高的硬粒小麦，适宜制通心粉、意大利面条等。凡角质不足籽粒横截面1/2（包括1/2）的籽粒，称粉质粒。含粉质粒50%以上的小麦，称为软质小麦。软质小麦粉质多、面筋少，适合制作饼干、糕点、烧饼等。角质率是遗传性状，同时易受环境影响。乳熟后期连续多雨和氮素缺乏时，对角质形成不利，增施磷肥利于提高角质率。有研究表明，角质率与产量存在一定的负相关。

国家为收购、储存、运输、加工和销售中的商品小麦制定了国家标准（GB 1351—2008），将小麦分为硬质白小麦、软质白小麦、硬质红小麦、软质红小麦和混合小麦共5类，依据质量要求对小麦进行定等（表2-1）。

表2-1　小麦质量指标

等级	容重/克/升	不完善粒/%	杂质/%		水分/%	色泽、气味
			总量	其中：矿物质		
1	≥790	≤6.0	≤1.0	≤0.5	≤12.5	正常
2	≥770					
3	≥750	≤8.0				
4	≥730					
5	≥710	≤10.0				
等外	＜710					

23 什么是小麦营养品质和加工品质？

营养品质表示小麦籽粒中含有的营养物质对人（畜）营养需要的适应性和满足程度，包括营养成分的种类及其含量、各种营养成分是否全面和平衡、这些营养是否可以被人（畜）充分地吸收和利用、含有抗营养因子和有毒物质的多少等。如蛋白质、维生素、矿物质、必需氨基酸、糖类、脂肪、矿物质等，在小麦中营养品质最重要的指标是蛋白质含量、蛋白质各组分含量和比例及组成蛋白质的氨基酸种类。

加工品质指其籽粒和面粉对制粉和制作不同食品的适应性，包括磨粉品质（一次加工品质）和食品品质（二次加工品质）。一次加工是小麦籽粒通过碾磨、过筛，使胚和麸皮（果皮、种皮及部分糊粉层）与胚乳分离，磨成面粉的过程。

在磨成面粉的过程中，小麦籽粒对磨粉工艺的适合和满足程度叫做磨粉品质，评价小麦磨粉品质的主要指标是小麦出粉率、面粉灰分、面粉白度、吨粉耗电能，出粉率取决于胚乳占小麦籽粒的比例和胚乳与皮层分离的难易程度，长籽粒出粉率低，圆籽粒出粉率高，一般认为只有品种一致、环境一致时，容重与出粉率才呈正相关，小麦面粉中的灰分与出粉率、种子清理程度和籽粒本身有关。小麦面粉粉色受籽粒颜色、胚乳质地、制粉工艺水平、出粉率、小麦的粗细度及水分、黄色素含量、多酚氧化酶含量等因素影响，籽粒硬度与能耗关系密切，对于粉路长的大型设备，硬麦能耗低于软麦；对于中型设备，两者差别不大；对于小型机组，则硬麦能耗高于软麦。

食品品质是指在制作各种食品时对面粉物化特性的要求，即通常所说的焙烤品质与蒸煮品质，主要指面粉制成品如面包、面条、饼干、糕点的口感、滋味、烘焙特性和蒸炸特性等。

食品品质主要是以面粉的吸水率、面筋含量、面筋质量、面团特性和稳定时间等为判定指标，以此将面粉划分为强筋粉、中筋粉和弱筋粉。

24 什么是小麦容重、不完善率和出粉率？

（1）**容重**。指一定容积内小麦籽粒重量，以克/升（g/L）表示。它能综合反映籽粒形状、整齐度、胚乳质地和含水量等指标。凡成熟好、饱满、形状一致、硬质、比重大、含水量少的籽粒容重大。容重作为评等论级的依据之一，为世界上大多数国家所采用。一般情况下，容重大，则出粉率高，灰分含量低；同一品种，容重越高，商品质量越好。我国商品小麦质量标准（GB 1351—1999）将容重分为790克/升、770克/升、750克/升、730克/升和710克/升5个等级，低于710克/升的为等外麦。

（2）**不完善粒**。指对存有虫蚀、病斑、生芽、霉变、破损、冻伤、烘伤或未成熟等缺陷，但仍有食用价值的小麦的统称。小麦不完善粒实质上是小麦有胚或胚乳受到机械损伤或生理变化和微生物侵害而导致其种用品质和食用品质下降的一种劣变。根据这一特性，可将不完善粒分为物理损伤（虫蚀粒、破损粒）和生化变化（病斑粒、未熟粒、生芽粒和霉变粒）不完善粒两种。根据国家小麦标准（GB 1351—2008），小麦赤霉病粒最大允许含量为4.0%。三等以上小麦黑胚粒的最大允许含量为6.0%，四等、五等小麦黑胚粒的最大允许含量分别为8.0%、10.0%，超过以上标准即为黑胚小麦。小麦不完善粒的测定方法是在检验小样杂质的同时，按照质量标准规定拣出不完善粒称重（W_1），计算公式：不完善粒（%）=（1-M）×W_1/W，式中，W_1为不完善粒重量，W为试样重量，M为大样杂质率。

（3）**出粉率**。指单位重量小麦籽粒所磨出的面粉占籽粒重量的百分比。出粉率的高低直接关系面粉加工企业的经济效益，是衡量小麦制粉品质的重要指标，比较同类小麦的出粉率要以制成相似灰分含量的面粉为依据。不同品种出粉率取决于两个因素，一是胚乳占麦粒的比例，二是胚乳与其他非胚乳部分分离的难易程度。前者与籽粒形状、皮层厚度、腹沟深浅及宽度、胚的大小等性状有关，后者与含水量、籽粒硬度和质地有关。一般来说，籽粒大、整齐一致、密度大、饱满、腹沟浅、近圆形的籽粒出粉率高。生产特一精粉的出粉率大于70%和生产标准粉的出粉率大于80%的小麦品种，是面粉企业欢迎的。目前一般国产普通小麦出粉率在65%以上，进口小麦为72%～75%。

25 小麦蛋白质包括哪些组分，什么是小麦面筋？

小麦籽粒中的蛋白质按其溶解度及提取方法不同，分为清蛋白、球蛋白、醇溶蛋白和麦谷蛋白4种。胚乳中的蛋白主要由麦谷蛋白和醇溶蛋白组成，清蛋白和球蛋白很少。麦谷蛋白和醇溶蛋白的含量、质量及二者间的比例关系影响面包的烘烤品质。清蛋白和球蛋白又称为可溶性蛋白或细胞质蛋白，主要以参与代谢活动的酶类为主，富含人体所必需的7种氨基酸，属营养价值较高的蛋白质（表2-2）。

表 2-2 小麦籽粒中的蛋白质种类及性质

种 类	易溶解介质	占籽粒干重 /%	占蛋白质总量 /%	主要性质
清蛋白	水和中性盐溶液	0.63～4.35	4.1～24.9	高含赖氨酸，营养价值高
球蛋白	中性稀盐溶液	0.36～1.37	4.4～13.1	高含赖氨酸，营养价值高，蛋氨酸缺乏
醇溶蛋白	70%乙醇	2.06～4.77	29.4～39.6	富于黏连、延伸性和膨胀性，在面团流变特性方面起黏滞作用
麦谷蛋白	稀酸或稀碱	1.99～5.44	36.6～47.5	富有弹性和可塑性，与面团的揉合时间及稳定性有关

面筋是小麦籽粒中蛋白质的一种特殊存在形式。将小麦面粉和水揉成面团，再将面团在水中揉洗，面团中的淀粉和麸皮等固体物质渐渐脱离面团而悬浮于水中，另一部分可溶物质溶于水中，最后剩下的具有弹性、延展性和黏性的物质，就是面筋。面筋的含量和质量与小麦面粉的加工品质和营养品质关系极为密切，是衡量小麦面粉品质十分重要的指标。小麦面筋包括干、湿两种，以湿面筋含量最为常用。湿面筋含 2/3 的水、1/3 的干物质，是衡量面粉品质最关键的指标。通常专用小麦品种类型不同，要求面筋含量和筋力强度不同。面包小麦要求湿面筋含量较高（≥35%），且强度较高；而饼干小麦需要面筋含量较低（≤22%），且筋力较弱；中等筋力和湿面筋含量的面粉适合做面条、馒头等大众食品。

面筋所含蛋白质约为面粉蛋白质的90%，主要由醇溶蛋白和麦谷蛋白组成，合计占面筋蛋白总量的80%左右，还有少量的淀粉、脂肪和糖类。麦谷蛋白与醇溶蛋白在面团流变学特性上分别具有弹性和延展性作用，仅醇溶蛋白存在时，无面团醒发阶段，制得的产物是一种具有极大塑性但无弹性的胶黏性物质；仅有麦谷蛋白存在时，掺水的小麦粉不能醒发，至少在正常的揉合条件下仍为一种不能伸展的物质。面筋中醇溶蛋白和麦谷蛋白比例不同分别适用于不同的食品。麦谷蛋白/醇溶蛋白比例高的适于加工面包，比例低的适于加工糕点，比例居中的则适于加工面条等。

国外根据湿面筋含量将小麦面粉分为4个等级：大于30%为高筋粉，26%～30%为中筋粉，20%～25%为中下筋粉，小于20%为低筋粉。我国商品小麦的湿面筋含量为14%～35%，绝大部分小麦品种的湿面筋含量为24%～40%，10%以下及40%以上的品种均属少数。不同品种、不同年份的小麦湿面筋含量差异和变化较大。

26　什么是沉降值和降落值？

沉降值是衡量面筋、蛋白质含量和品质的综合指标，其原理是一定量的面粉在弱酸介质中吸水膨胀，形成絮状物并缓慢沉淀，在规定时间内的沉降体积，用毫升来表示。沉降值测定主要有Zeleny和SDS两种，前者在一定程度上与面筋数量关系密切，后者与面筋质量关系较大。

许多研究表明，沉降值不仅与面筋的数量和质量关系密切，而且与籽粒蛋白质含量呈极显著正相关，与粉质仪测定指标中的面粉吸水率、面团形成时间、稳定时间和评价值及烘烤试验中的面包体积也显著正相关。因此，沉降值是衡量小麦加工品质极为重要的指标。美国、德国等国家根据面筋沉降值将小麦分成3个等级：大于50毫升的为强力粉，低于30毫升为弱力粉，30～50毫升为中强力粉。

降落值指黏度计管浸入热水器到黏度计搅拌降落进入糊化的悬浮液中的总时间（包括搅拌的时间），以秒为单位。降落值是反映面粉中α–淀粉酶活性大小的指标，也是检测小麦在收、贮、运过程中是否发过芽的一项间接指标（表2–3）。

表2-3 不同降落值条件下面粉的特点

降落值/秒	特点
＜150	α-淀粉酶活性高，籽粒易发芽；面包心黏湿，会导致面包瓤发黏，不适合用于制作面包
150～200	淀粉酶活性稍微有些强，需要与降落值高一些的面粉混合使用，可以用于制作某些面包
200～300	正常的淀粉酶活性，面包质地优良
＞300	淀粉酶活性弱，籽粒休眠期长，不易发芽；面包体积小，面包心干硬，面包膨胀不好，需要添加糖化麦芽

27 什么是粉质仪参数？

将定量的面粉置于揉面钵中，用滴定管滴加水，在定温下开机揉成面团，根据揉制面团过程中动力消耗情况，仪器自动绘出一条特性曲线，即粉质仪曲线（图2-2），反映揉制面团过程中混合搅拌叶片所受到的综合阻力随搅拌时间的变化规律，作为分析面团内在品质的依据。可得到吸水率、面团形成时间、面团稳定时间、断裂时间、公差指数、软化度等参数。

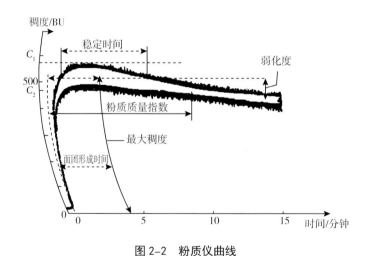

图2-2 粉质仪曲线

（1）吸水率。指将面粉揉制成标准稠度（500BU，Brabender Unit）软硬面团时所需加水量，以占14%湿基面粉质量分数表示，精确到0.1%。吸水率不仅与蛋白质的量和质呈显著正相关，而且与面团的黏弹性有一定的关系。小麦品种用途不同，要求面粉吸水率不同。面包小麦品种要求面粉吸水率在60%～70%，利于提高面包等产品的出品率；而饼干小麦要求其面粉吸水率在52%～54%，以利于烘烤。

（2）面团形成时间。指从开始加水直至面团达到最大黏度所需的时间，用分钟表示。面团形成时间与面筋的含量和质地相关，面团形成时间短，表示面筋量少、质差。一般软麦的弹性差，形成时间短，为1～4分钟；硬麦弹性强，形成时间在4分钟以上。

（3）面团稳定时间。指粉质图谱首次穿过500BU和开始衰落再次穿过此标线的时间，用分钟表示。它反映面团的耐揉性。面团稳定时间越长，面筋的强度越大，面团性质好，也意味着麦谷蛋白的二硫键牢固，面包烘烤品质越好，稳定时间长不适合制作饼干、糕点等食品。

（4）断裂时间。指从加水搅拌开始直至从峰最高处降低30 BU所需的时间。

（5）公差指数。指曲线最高点中心和出峰后5分钟曲线中心之差，以BU表示。该值越小，面团的耐揉性越好。

（6）软化度。指曲线最高点中心和达到最高点12分钟曲线中心之差，以BU表示。

评价值是一项综合评价粉样品质的单一数值，面团形成时间、稳定时间、断裂时间、软化度较高的，评价值亦较高。

28　什么是拉伸仪参数？

小麦粉在粉质仪揉面钵中加盐水揉制成面团后，在拉伸仪中揉球、搓条、恒温醒面，然后将装有面团的夹具置于测量系统托架上，牵拉杆带动面钩以固定速度向下移动，用拉面钩拉伸面团，面团受拉力作用产生形变直至拉断。记录系统自动记录下面团在拉伸至断裂的过程中面团延伸能力的变化，面团拉伸特性是评价面粉烘焙品质的重要指标，一般需与粉质仪共同使用。拉伸仪曲线（图2-3）主要用于综合评价面粉的韧性和延伸性之间的平衡关系，而粉质仪曲线主要用于评价面粉的韧性。

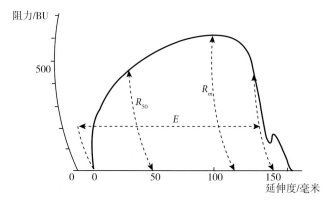

图 2-3　拉伸仪曲线

（1）**抗拉伸阻力**。面团的韧性用抗拉伸阻力表示，正常面包粉的抗拉伸阻力为600～700BU。面团的韧性好，表示面筋筋力和持气能力强，粉质性能好的面团抗拉伸性能相应也好。抗拉伸阻力的大小与增筋剂（氧化剂）用量有直接关系，它表示面粉被氧化的程度，当面粉中使用氧化剂时，抗拉伸阻力增大。

（2）**延伸性**。正常面包粉拉伸曲线的延伸性指标应为200～250毫米。韧性与面筋网络结构的牢固性、强度和持气能力有关；延伸性则反映了面筋网络的膨胀能力。只有韧性与延伸性的适当平衡和有机配合，才能既保证正常发酵，又能得到理想体积、形状和良好品质的面包产品。

（3）**拉伸面积（粉力）**。指拉伸曲线与水平线所围成的面积，用厘米^{2}表示，用求积仪测得，表示拉伸面团时所需的能量、筋力大小和小麦粉搭配合理与否。面积越大，所需能量越大，面粉筋力或面团强度也越大。拉伸面积低于50厘米^2，表示面粉的筋力较弱，烘焙品质很差。面包粉的正常拉伸图曲线面积应为120～180厘米^2。

（4）**面团R/E值**。根据面包发酵原理，面粉筋力（韧性）不是越大越好，即面团的拉伸阻力与延伸性之间须保持适当的平衡。R/E值将面团抗拉伸阻力和延伸性两个指标综合起来判断面粉烘焙品质，较为科学。面包粉适宜的面团R/E值为3～5，比值过小，表明面团抗拉伸阻力过小，筋力太弱，延伸性过大，面团结构不牢固，面团软，流动性强，发酵过程中易塌陷、持气性差；整形过程中不易操作，黏度大；面包成品易变形，体积小。比值太大，则面团抗拉伸阻力过大，筋力太强，延伸性过小，面团弹性强、硬度大、易断裂；加工性能差，不易压片、滚圆、成形和其他操作；发酵时面团膨胀阻力大，发酵时间长，发酵不充分；面包体积小，组织紧密，疏松度差，表皮易断裂。通过测定不同醒发时间的面团拉伸性能，可指导面包等食品生产过程中适宜醒发时间的确定。

29 什么是吹泡示功仪参数？

吹泡示功仪是用来估价小麦的面团品质的，也就是面包烘焙力。通过和面，盐水和面粉混合形成面团，通过压延，使面团成为扁平状，固定在吹泡示功仪盘子上，通过注入气体，这个面团将在那里变形，形成一个气泡，这个气泡在形成过程中（一直到爆裂）所需的气体量将被记录下来，以吹泡示功仪曲线（图2-4）形式表现出来。测试指标：面团的韧性、延伸性、破裂强度、弹性和烘焙力。

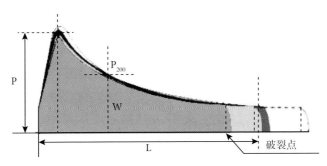

图2-4　吹泡示功仪曲线

（1）P值（tenacity）。P值是最大纵坐标的平均值，表示吹泡过程中所需最大压力。P值代表着吹泡过程中面团的最大抗张力，越大表示面粉的筋力韧性越好。P值也随面团的稠厚度、面团的弹性抗力而变化，也就是说P值和面团的韧性及面团的稠厚度相关联。

（2）L值（extensibility）。表示曲线长度，面泡膨胀破裂最大的距离。L值越大表示面粉的延伸性越好，它体现了面团的两种能力：蛋白纤维的延展能力和面筋网络的保气能力。

（3）W值（energy）。曲线所包括的面积，表示在指定的方法内1克面团变形所用的功，又称为烘培力。W值与面包烘焙体积成正比关系。面粉的W

值大于200而小于400时最适合于长时间发酵。饼干小麦W值在150以下；面包小麦W值为150～300；硬质小麦W值在300以上。

（4）P/L值。表示曲线的形状。表示韧性和延展性的关系，P/L值大于1表明面团的韧性过强，而缺少延展性；P/L值过小（小于0.3）表明延展性过强，可能会造成加工机械操作方面的问题。

 什么是粘度仪参数?

由于淀粉颗粒外围包着一层支链淀粉，在加热至糊化温度时，淀粉悬浮液就逐渐变成高粘度糊浆。

快速粘度分析仪（RVA）是旋转式蒸煮粘度计，并可以调整剪切力，尤其适用于淀粉和谷物工业。由于具有测试速度快、操作简单、过程模拟、计算机化和NIST可追溯性的结果等特点，RVA已经越来越多地被淀粉制造商和淀粉使用者用来做质量控制的工具。

破裂的支链淀粉在糊浆中形成凝胶，而流释出来的直链淀粉在糊浆中形成溶胶。凝胶的粘度比溶胶高得多。新制备的淀粉溶液，冷却后粘度增加，通常把这种现象称为胶凝。胶凝被认为主要由直链淀粉造成的，因为直链淀粉容易形成规则的排列，淀粉的粘度值因物种和品种而异，如糯玉米、糯米和一些小麦品种的淀粉具有很高的粘度。

粘度仪曲线如图2-5所示。

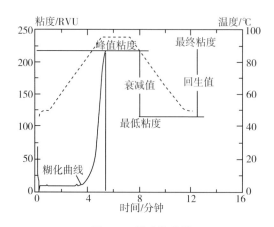

图2-5 粘度仪曲线

什么是溶剂保持力？

溶剂保持力（SRC）是在一定离心力作用下，面粉保持溶剂的能力，以百分比表示。溶剂包括去离子水、碳酸钠、蔗糖和乳酸，形成的4种溶剂保持力可以反映面粉组分不同的生化特性。在一定范围内，乳酸SRC值越高表明其面筋特性越好，蔗糖SRC值越低则醇溶蛋白特性越好，碳酸钠SRC值越低表示破损淀粉含量越低，而去离子水SRC则反映了面粉组分的综合特征。4种溶剂SRC值和饼干直径呈高度负相关。

小麦SRC的测定依据国家标准GB/T 35866—2018，方法是称取小麦粉试样5克，置于已知质量的50毫升离心管中，加入25毫升溶液（测定水SRC加入去离子水、测定蔗糖SRC加入50%蔗糖溶液、测定碳酸钠SRC加入5%碳酸钠溶液、测定乳酸SRC加入5%乳酸溶液），以计时器计时。盖上离心管盖，水平方向摇动离心管至小麦粉与溶液充分混合均匀。置于试管架上溶胀20分钟，期间隔5分钟摇动一次，每次摇动5秒。最后一次摇动后，立即在1 000g离心力条件下离心15分钟，离心结束弃掉上清液，再将离心管倒置在滤纸上，持续10分钟，称离心管、盖子和小麦粉胶的质量。

$$SRC=\left(\frac{m_2-m_1}{m}\times\frac{100-14}{100-M_1}-1\right)\times100\%$$

式中，m_1表示空离心管和盖子质量；m_2表示离心后离心管、盖子和小麦粉胶的总质量；14表示换算系数，将样品水分换算成10%标准水分；m表示试验质量；M_1表示试样的水分含量。

 小麦淀粉包括哪些组分？

淀粉是小麦籽粒中含量最多的碳水化合物，主要分布在胚乳中，约占胚乳干重的80%，是面粉的主要组成部分，对籽粒和面粉加工品质具有重要作用。

淀粉是葡萄糖的自然聚合体，按其分子间连接方式不同分为直链淀粉和支链淀粉，直链淀粉占总淀粉的20%～25%。二者都是由许多葡萄糖残基组成的。直链淀粉是由葡萄糖残基以α-1，4糖苷键连结而成，基本上呈线形，分子量为104～105，可溶于热水，碘液处理呈蓝色反应。支链淀粉由许多小的直链分子组成，不同的小直链分子间以α-1，6糖苷键连结，形成分支，分子量较大，一般为105～106，与碘液反应呈红紫色（表2-4）。小麦淀粉是由直链淀粉和支链淀粉两种多聚糖组成。直链淀粉和支链淀粉的含量及比例，对小麦的淀粉特性包括糊化特性（糊化温度和糊化过程中吸水膨胀能力）、凝沉（回生）现象以及糊化和凝沉过程中粘度的变化等都有极大的影响，进而影响不同食品的加工过程及最终产品的质量，尤其对我国传统的蒸煮类食品如馒头、面条及饺子品质的影响更大。

表 2-4　不同种类淀粉的特性

特性		直链淀粉	支链淀粉
一般结构		基本无分支	多分支
碘染色反应		蓝色	红紫色
最大吸收值		660	530～550
水溶液的稳定性		回生	稳定
转化为棉子糖的百分数（%）	用β-淀粉酶	70	55
	先用分支酶，再用β-淀粉酶	100	75
	用α-淀粉酶	100	90

③③　什么是灰分、白度和籽粒硬度？

灰分是各种矿物元素氧化物占籽粒或面粉的百分含量，是衡量面粉精度的重要指标，主要受出粉率和小麦清理程度影响，出粉率高，灰分含量增加。一般面粉精度越高，灰分含量越低，粉中含麸星也越少。发达国家规定面粉的灰分含量在0.5%以下，我国新制定的有关小麦专用粉标准为：面包粉灰分不高于0.6%；面条和饺子粉等不高于0.55%。

面粉白度是面粉精度的一个指标，以氧化镁白色作为标准白色，读数为0～110。面粉白度决定于入磨小麦中杂质和不良小麦的数量、籽粒颜色（红、白粒）、胚乳的质地、面粉的粗细度（面粉颗粒大小）、出粉率和磨粉的工艺水平，以及面粉中的水分含量、黄色素、多酚氧化酶的含量。含水量过高或面粉颗粒过粗都会使面粉白度下降，新鲜面粉白度稍差，因为新鲜面粉内含有胡萝卜素，常呈微黄色，而贮藏日久胡萝卜素被氧化，面粉粉色变白。面粉中所含的叶黄素、类胡萝卜素和黄酮类化合物等黄色素，是造成面粉颜色发黄的主要原因。通常软麦粉色比硬麦浅。我国小麦品种面粉白度为63～81.5。

籽粒硬度是指籽粒蛋白质与淀粉结合的紧密程度，可分为硬质、半硬质和粉质三类。硬度对胚乳与麸皮能否彻底分离、吸水率、籽粒磨碎的难易、面粉颗粒的大小分布及面粉的筛分、磨粉过程的能耗都有影响，从而影响面粉厂的生产效率和出粉率，并直接影响食品加工品质。硬质小麦碾磨时耗能多，但其胚乳易与麸皮分离，出粉率较高，面粉麸星少，色泽好，灰分少，形成的颗粒较大，易筛理。粉质麦则相反。不同专用品种要求有不同的籽粒硬度，面包小麦要求籽粒较硬，而饼干小麦需籽粒较软。

 影响小麦品质的因素有哪些?

小麦品质受品种、环境和栽培措施影响。

（1）**品种**。小麦品种是品质形成的基础，对品质影响较大。通常蛋白质含量和高分子量谷蛋白亚基对烘烤品质影响较人。不同面筋强度的小麦品种高分子量谷蛋白亚基组成存在显著差异，低分子谷蛋白亚基和醇溶蛋白组分对面筋强度也具有重要影响，高分子量谷蛋白亚基与谷蛋白大聚合体含量的动态变化一致，含有优质高分子量谷蛋白亚基组合的小麦品种，籽粒高分子量谷蛋白亚基积累较多，醇溶蛋白积累少。

（2）**环境**。环境条件对小麦品质也有较大影响，为了保证小麦品质需要在适宜的区域种植。小麦籽粒蛋白质含量、湿面筋含量、面团稳定时间、评价值、延伸性等指标随着纬度升高而增加。海拔升高时，籽粒蛋白质含量、湿面筋含量、面团形成时间、面团稳定时间等指标下降。

春季地温在8～20℃时，每升高1℃，籽粒蛋白质含量平均增加0.4个百分点，开花至成熟期，在15～30℃时，随着温度的升高，籽粒中氮、磷浓度及蛋白质含量提高。年均气温较常年升高1℃，蛋白质含量提高0.286个百分点，沉降值增加0.55毫升。当超过一定温度时，小麦的品质则相应降低。

降水对小麦品质的影响主要表现在籽粒灌浆期间，此时若降水过多，则籽粒蛋白质含量降低。小麦全生育期土壤水分含量由田间最大持水量的70%减少到55%时，蛋白质含量、湿面筋含量、沉降值和出粉率提高，面团稳定时间和形成时间延长，但土壤水分含量减少到田间最大持水量的45%以下时，蛋白质等指标下降。

小麦生长期间低光照强度有增加蛋白质含量的作用。土壤质地由沙—沙壤—中壤（重壤），小麦蛋白质含量由10.4%上升到14.9%；但土壤继续变黏，蛋白质含量又有所下降。

（3）栽培措施。土壤中氮、磷、钾含量是决定小麦品质的关键因素，高肥力土壤栽培的小麦籽粒蛋白质含量、湿面筋含量、沉降值、面团稳定时间等品质指标均比低肥力水平下栽培的小麦高。小麦籽粒蛋白质含量与施氮量呈显著正相关关系。在一定范围内增施氮肥，可以提高小麦籽粒的蛋白质含量，提高沉降值、湿面筋含量、吸水率、面团形成时间及稳定时间，增大面包体积，提高面包评分。氮肥后移（拔节或孕穗期追氮），可以提高蛋白质含量和湿面筋含量，延长面团稳定时间。不同形态氮肥及其用量对强筋小麦氮素转运、产量和品质有影响，酰胺态氮肥在中氮和高氮条件下能显著改善强筋小麦品质。

施磷可以提高小麦的品质，在施磷0～5千克/亩范围内，随着施磷量的增加，面筋含量增加，超过5千克/亩后有所降低。增加土地中磷元素的含量对优质弱筋小麦品质的提高有显著效果，湿面筋含量、稳定时间等指标显著下降。

钾不仅增加了氨基酸向籽粒转运的速度，还增大了氨基酸转化为籽粒蛋白质的速度。适量的钾肥可以改善小麦品质，但必须要在氮磷钾合适的配比下，才能有效地发挥作用。

小麦田施用硫肥可显著促进小麦籽粒中蛋白质和面筋含量的提高，进而有利于改善小麦的品质。合理的氮硫配施能提高籽粒蛋白质含量、沉降值、湿面筋含量、面团稳定时间及形成时间，施入过多的硫则品质下降。

适度的干旱有利于小麦籽粒蛋白质含量的增加，过度干旱会抑制蛋白质的积累。密度过大或过小均会引起籽粒蛋白质含量的降低，而对湿面筋含量、沉降值的影响较小。

什么是强筋小麦、中强筋小麦、中筋小麦和弱筋小麦，如何确定小麦品质区划？

依据《小麦品种品质分类》（GB/T 17320—2013），我国按品质和终端产品专用粉需求将普通小麦分为强筋小麦、中强筋小麦、中筋小麦和弱筋小麦4类。

（1）**强筋小麦**。胚乳为硬质，面粉筋力强，适用于制作面包或用于配麦，籽粒硬度指数≥60，粗蛋白质（干基）≥14.0%；面粉湿面筋含量（14%水分基）≥30%，沉淀值≥40毫升，吸水量≥0.6毫升/克，面团稳定时间≥8.0分钟，最大拉伸阻力≥350EU，能量≥90厘米^2。

（2）**中强筋小麦**。胚乳为硬质，面粉筋力较强，适用于制作饺子、方便面、馒头、面条等，籽粒硬度指数≥60，粗蛋白质（干基）≥13.0%；面粉湿面筋含量（14%水分基）≥28%，沉淀值≥35毫升，吸水量≥0.58毫升/克，面团稳定时间≥6.0分钟，最大拉伸阻力≥300EU，能量≥65厘米^2。

（3）**中筋小麦**。胚乳为硬质，面粉筋力适中，适用于制作饺子、面条、馒头等，籽粒硬度指数≥50，粗蛋白质（干基）≥12.5%；面粉湿面筋含量（14%水分基）≥26%，沉淀值≥30毫升，吸水量≥0.56毫升/克，面团稳定时间≥3.0分钟，最大拉伸阻力≥200EU，能量≥50厘米^2。

（4）**弱筋小麦**。胚乳为软质，小麦粉筋力较弱，适用于制作馒头、蛋糕、饼干等，籽粒硬度指数＜50，粗蛋白质（干基）＜12.5%；面粉湿面筋含量（14%水分基）＜26%，沉淀值＜30毫升，吸水量＜0.56毫升/克，面团稳定时间＜3.0分钟。

小麦品质的优劣不仅由品种本身的遗传特性所决定，而且受气候、土壤、耕作制度、栽培措施等特别是气候与土壤的影响很大，品种与环境的相互作用也影响品质。品质区划就是依据生态条件和品种的品质表现将小麦生产的地区划分为若干不同的品质类型，以充分利用天时地利等自然资源优势和品种的遗传潜力，实现优质小麦的高效生产。

根据生态因子、土壤质地、肥力水平及栽培措施对小麦品质的影响，品种品质遗传特性及其与生态环境的协调性，以及我国小麦消费状况等原则，我国小麦产区分为三大品质区域，即北方强筋、中筋白粒冬麦区，南方中筋、弱筋红粒冬麦区和强筋红粒春麦区。

（1）**北方强筋、中筋白粒冬麦区**。包括华北北部强筋麦区、黄淮北部强筋中筋麦区和黄淮南部中筋麦区。

① **华北北部强筋麦区**。主要包括北京、天津和冀东、冀中地区。年降水量400～600毫米，多为褐土及褐土化潮土，质地砂壤至中壤，肥力较高，品质较好，主要发展强筋小麦，也可发展中强筋小麦。

② **黄淮北部强筋、中筋麦区**。主要包括河北省中南部、河南省黄河以北地区和山东西北部、中部及胶东地区，以及山西中南部、陕西关中和甘肃天水、平凉等地区。年降水量500～800毫米，土壤以潮土、褐土和黄绵土为主，质地砂壤至黏壤。土层深厚、肥力较高的地区适宜发展强筋小麦，其他地区发展中筋小麦。山东胶东丘陵地区多数土层深厚，肥力较高，春夏气温较低，湿度较大，灌浆期长，小麦产量高，但蛋白质含量较低，宜发展中筋小麦。

③ **黄淮南部中筋麦区**。主要包括河南中部、山东南部、江苏和安徽北部等地区，是黄淮麦区与南方冬麦区的过渡地带。年降水量600～900毫米，土壤以潮土为主，肥力不高，以发展中筋小麦为主，肥力较高的砂礓黑土及褐土地区可种植强筋小麦，沿河湖冲积地带和黄河故道砂土至轻壤潮土区可发展白粒弱筋小麦。

（2）**南方中筋弱筋红粒冬麦区**。包括长江中下游、四川盆地和云贵高原麦区。

① **长江中下游麦区**。包括江苏、安徽两省淮河以南、湖北大部及河南省的南部。年降水量800～1400毫米，小麦灌浆期间雨量偏多，湿害较重，穗发芽时有发生。土壤多为水稻土和黄棕土，质地以黏壤土为主。本区大部分地区发展中筋小麦，沿江及沿海砂土地区可发展弱筋小麦。

② **四川盆地麦区**。大体可分为盆西平原和丘陵山地麦区，年降水量约1100毫米，湿度较大，光照严重不足，昼夜温差小。土壤多为紫色土和黄壤土，紫色土以砂质黏壤土为主，黄壤土质地黏重，有机质含量低。盆西平原区土壤肥力较高，单产水平高；丘陵山地区土层薄，肥力低，肥料投入不足，商品率低。主要发展中筋小麦，部分地区发展弱筋小麦。

③ **云贵高原麦区**。包括四川省西南部、贵州全省及云南省大部分地区。海拔相对较高，年降水量800～1000毫米，湿度大，光照严重不足，土层薄，肥力差，小麦生产以旱地为主，蛋白质含量通常较低。在肥力较高的地方可发

展红粒中筋小麦，其他地区发展红粒弱筋小麦。

（3）**中筋强筋红粒春麦区**。包括东北强筋、中筋红粒春麦区，北部中筋红粒春麦区，西北强筋、中筋春麦区，青藏高原春麦区。

① 东北强筋、中筋红粒春麦区。包括黑龙江北部、东部和内蒙古大兴安岭地区。这一地区光照时间长，昼夜温差大，土壤较肥沃，全部为旱作农业区，有利于蛋白质的积累。年降水量450～600毫米，生育后期和收获期降水多，极易造成穗发芽和赤霉病等病害发生，严重影响小麦品质。适宜发展红粒强筋或中筋小麦。

② 北部中筋红粒春麦区。主要包括内蒙古东部、辽河平原、吉林省西北部，以及河北、山西、陕西的春麦区。除河套平原和川滩地外，主体为旱作农业区，年降水量250～400毫米，但收获前后可能遇降水，土地瘠薄，管理粗放，投入少，适宜发展红粒中筋小麦。

③ 西北强筋、中筋春麦区。主要包括甘肃中西部、宁夏全部以及新疆麦区。河西走廊区干旱少雨，年降水量50～250毫米，日照充足，昼夜温差大，收获期降水频率低，灌溉条件好，生产水平高，适宜发展白粒强筋小麦。新疆冬春麦兼播区，光照充足，降水量少，约150毫米，昼夜温差大，适宜发展白粒强筋小麦。但各地区肥力差异较大，由于运输困难，小麦的商品率偏低，在肥力高的地区可发展强筋小麦，其他地区发展中筋小麦。银宁灌区土地肥沃，年降水量350～450毫米，生产水平和集约化程度高，但生育后期高温和降水对品质形成不利，宜发展红粒中强筋小麦。陇中和宁夏西海地区土地贫瘠，少雨干旱，产量低，粮食商品率低，宜发展白粒中筋小麦。

④ 青藏高原春麦区。主要包括青海和西藏的春麦区。该地区海拔高，光照充足，昼夜温差大，空气湿度小，土壤肥力低，灌浆期长，产量较高，蛋白质含量较其他地区低2～3个百分点，适宜发展红粒软质麦，青海西宁一带可发展中筋小麦。

36 面包专用小麦的品质特点是什么？

制成的面包体积大，断面结构间隙均匀，纹线清晰，轻压后具有好的复原性，咀嚼时有咬劲，不粘牙，因此要求用高筋力的专用粉来制作面包。

（1）**蛋白质和面筋**。面包烘烤品质主要取决于面筋蛋白的含量和质量，二者之间必须相互平衡，即构成面筋统一体的麦谷蛋白和醇溶蛋白的比例必须适当。麦谷蛋白为面团提供韧性、弹性、强度和抗拉伸阻力，醇溶蛋白提供面团的延伸性和膨胀性。相同品种的小麦，面包体积与其小麦粉的蛋白质含量成正比，即蛋白质含量增加，小麦粉吸水率增加，面包体积增大，同时还可改良面包心的质地，并使其不易老化。蛋白质含量相同，品种不同的小麦粉，其吸水率和面包体积差异较大，相比而言面筋质量好，吸水量和面包体积较大。面包是发酵食品，是利用面粉中的麦谷蛋白和醇溶蛋白，吸水润胀形成的面筋网络积蓄发酵过程中产生的大量二氧化碳，形成疏松多孔的海绵状组织结构。在发酵过程中，小麦面筋网络是支撑发酵面团的骨架。面粉中面筋含量适当，具有良好的持气性能，面团发酵时二氧化碳就能蓄于面筋网络中而不逸出，使面包体积增大，内部结构细密而均匀。如果面粉的面筋含量低，面团的持气力差，在面团发酵时，大量的气体易从面筋网络中逸出，使面包体积减小，并可能造成面包塌陷变形。因此，面包用小麦粉的蛋白质或面筋数量和质量将直接影响到面团的持气能力和膨胀能力，进而影响面包的烘焙品质。高分子麦谷蛋白亚基（HMW-GS）组成是影响面包品质的重要因素，一般而言，面筋蛋白总量麦谷蛋白聚合体含量、高分子麦谷聚合体含量和HMW-GS含量高，可溶性的面筋蛋白少的小麦粉，形成的面团强度更强。高分子麦谷蛋白聚合体，在面团搅拌过程中形成更多的多聚体纤维，作用点越多形成的缠结点越多，形成的面筋网络越强，越能保持气体，得到的面包体积越大。HMW-GS占面粉蛋白总量的比例越高，所形成的面包体积越大。制作面包的面团必须有适当的流变学特性，总的说来形成时间长和稳定时间长的品种可直接用来烘烤面包，我国面包粉最适合的形成时间为6分钟，稳定时间12分钟。

（2）**淀粉和淀粉酶**。淀粉对面包形状的保持起着非常重要的作用。面筋的品质及含量影响面包的体积大小，面包形状能否保持则要靠淀粉的胶化作用来固定。面筋在面团形成网络结构时，淀粉充塞其中，在烘焙过程中，由于热作用淀粉发生部分糊化，开始糊化的淀粉粒从面团内部吸水膨胀，使淀粉粒体积逐渐增大，固定在面筋的网络结构中，同时由于淀粉所需要的水分是从面筋所吸收的水分转移而来，使得面筋在逐步失水的状态下，网络结构变得更有黏性和弹性。在面团发酵阶段，面筋形成面团的骨架，在烘焙阶段，由于淀粉的部分糊化及面筋的变性一起固定面包最终的形状。

淀粉在面包烘焙中的另一个重要影响是面包出炉后的老化。面包的老化是一非常复杂的过程，涉及面包烘焙后所发生的一切变化，包括面包瓤和面包外皮的变化，还包括面包风味的丧失、吸水能力的降低、可溶性淀粉含量的下降等。面包老化主要由于淀粉的物理性质发生变化所致，即由 α-淀粉回生为 β-淀粉所致。

淀粉酶活性和小麦粉原有糖分数量与面团发酵形成二氧化碳气体的能力关系很大。α-淀粉酶要达到95℃以上才钝化，所以对面包质量影响较大。α-淀粉酶活性不足，面团发酵能力差，淀粉胶体硬，面包体积小而干硬，结构粗、细胞小而壁厚；若酶活性过大，则降低了淀粉胶体性质，使其难以忍受气体膨胀的压力，小气泡破裂形成大气泡，烤出的面包体积变小，质地不匀而发黏。面粉糊的黏度指在加热搅拌过程中因 α-淀粉酶作用使淀粉胶体液化而下降的程度，可由粘度仪测出，以200～500BU为宜。α-淀粉酶的活性可由降落值表示，制作面包的面粉降落值在200～300秒为宜。

（3）其他。小麦粉的精度影响着破损淀粉和吸水率，从而影响着面包品质。面包粉要求破损淀粉和吸水率控制在适度范围内，对小麦粉的粗细度要求比特制二等粉的粒度范围还宽一些。

小麦粉中的脂类物质对面包品质也有影响，小麦粉的面筋中能形成网络的脂类物质都存在两种类型的结合力，一是极性脂类分子通过疏水键与麦谷蛋白结合，二是非极性脂类分子通过氢键与醇溶蛋白分子结合，这两种结合力都可形成发酵面制品所需的网络。面筋蛋白与脂类物质结合得越多越强，网络的品质越好，因此极性脂可作为面包品质的改良剂使用。

37 馒头专用小麦的品质特点是什么？

馒头是我国主要面制食品之一，是由小麦粉经过和面、发酵、成型、醒发、汽蒸等工序制成，具有色白光滑、皮软而内部组织膨松、营养丰富等特点。优质馒头要求体积较大、比容适中（2.5毫升/克左右）；内部色白、气孔小而均匀，弹韧性好、有咬劲、爽口、不粘牙、清香、无异味。与面包品质有关的性状也与馒头品质有关，但馒头对小麦粉品质反应敏感性较差，比面包要求较低些。我国主食馒头根据硬度不同可分为北方硬面馒头和南方酵面馒头。

北方馒头要求具有致密的质构和耐嚼性；南方馒头则具有更大的体积、结构疏松，而且口感更软。小馒头或广式馒头在质构上更像蛋糕，具有一定甜味、口感松软、组织细腻。

（1）**蛋白质与面筋**。在小麦粉品质性状中，蛋白质和面筋是影响馒头品质的重要指标。研究发现，采用蛋白质和面筋含量高的小麦粉制作馒头时不易成型，难以揉光，醒发时间较长，蒸制的馒头体积虽大，但馒头外观较差，表皮不光滑、皱缩且颜色发暗，内部结构粗糙、气孔大小不均匀、孔隙开裂，品质不佳。面筋含量低、面筋弹性和延展性差、发酵时间短的小麦粉蒸制的馒头，表面光滑，外观较好，但质地与口感均较差，体积小，比容低，形状不挺、塌陷，馒头心"蜂窝"大而不均匀、弹韧性较差。只有蛋白质和面筋含量中等的小麦粉，蒸制的馒头体积大、比容高、弹性好、"蜂窝"小而均匀、适口性好。

馒头的制作以适度的弹性和延展性最佳，如果面筋的弹性和延展性都较好，面团发酵时间适中，蒸制的馒头质量好；如果弹性差、发酵时间短，则馒头韧性差；如面团发酵时间过长，则馒头缺乏柔软性。沉降值与馒头质量性状指标体积、高度、比容、感官评分均呈显著正相关。粉质仪参数中弱化度、公差指数与馒头体积、比容、高度分别呈显著或极显著负相关，评价值主要影响馒头的体积和高度。优质馒头要求面团评价值要高，断裂时间5分钟以上，吸水率60%左右较好，不低于57%，形成时间3分钟，稳定时间一般在3～5分钟较为理想。拉伸曲线的最大抗拉伸阻力以300～400BU较为适宜，且延伸性不可太大，一般应小于15厘米。

北方硬面馒头要求小麦粉尽量白，湿面筋含量28%～33%，加水量一般在40%～45%。采用一次发酵法制作时应加强压面，分割成型前经多次折叠压延，使面筋网络充分扩展，并有一定的方向性，制成的馒头呈多层状，结构细密，馒头外形较好。南方酵面馒头要求小麦粉湿面筋含量为24%～28%，加水量一般在45%～50%，不压面或压延次数少，成品馒头外形挺立、内部多孔且气孔均匀，口感松软、不粘牙。南方"小馒头"则要求小麦粉的蛋白含量在9%左右，吸水率为50%～55%，面团形成时间1.5分钟，稳定时间不超过5分钟，拉伸系数在2.5左右。

（2）**淀粉及淀粉酶**。粗淀粉与馒头品质呈负相关，直链淀粉与馒头体积和品质呈负相关。即小麦粉的淀粉含量越高，馒头品质越差；直链淀粉含量低或中等的小麦粉制成的馒头体积大、弹韧性好。随着破损淀粉含量减小，馒头比容增大，馒头外观、结构、色泽、弹韧性变好，口感不黏。

α-淀粉酶活性对馒头品质影响也很大。馒头在发酵过程中，淀粉在α-淀粉酶及麦芽糖酶的连续作用下，分解成为葡萄糖。葡萄糖再经发酵降解成乙醇，使馒头具有酒香味。α-淀粉酶活性太低，不利面团发酵，但若太高，淀粉过多地分解为糊精和糖分，会使馒头的弹韧性、结构和外观变差，黏性增大，体积变小。降落数值一般在250秒左右为宜。

（3）**其他。** 小麦粉的白度和灰分对馒头色泽有一定影响，制作馒头时一般要求白度在82左右，灰分低于0.6%。相同条件下，高精度小麦粉制成的馒头品质优于低精度小麦粉馒头。灰分相同的情况下，小麦粉细度越细，粉色越白。一般认为小麦粉细度适度范围，粒度88微米以上的颗粒应不低于50%，破损淀粉较少，以全部通过CB36号筛，留在CB42号筛上物不少于10%为宜。

 面条专用小麦的品质特点是什么？

强力面条有较好的延伸性和一定的弹性，吃口有咬劲、滑爽，因此要求较高筋力的专用粉来制作强力面条。

我国面条种类很多，可通过"擀、抻、揪、切、削、压"等不同加工形式制成切面、拉面（抻面）、刀削面、龙须面（线面）、空心面、面饼，以及机械化生产的挂面、方便面等。面条还可分为湿面（手切面条、手拉面条、机制面条）、干面（机制挂面、手工挂面）和方便面（油炸方便面、热风干燥方便面、微波干燥方便面和非脱水方便面）等。不同种类的面条由于制作工艺的差异、面条品质要求的不同，对小麦粉质量的要求也不相同。

（1）**挂面。** 挂面品质包括外观的色泽、断条率、整齐度以及内在的食用品质，如煮熟后的口感、煮溶率和耐煮性等。优质面条应表面平滑、棱角分明、横断面规则，煮熟后色泽白亮、没有斑点麸屑，结构细密、光滑、适口、硬度适中、有韧性、有咬劲，富有弹性、爽口不粘牙，具麦清香味。小麦粉作为挂面生产的主要原料，其品质的优劣对挂面的质量有直接影响。一般干面条以小麦粉蛋白质含量9.5%～12%，湿面筋含量＞26%，粉质仪稳定时间在3分钟以上，灰分含量＜0.7%，降落值在300秒以上为宜。优质面条要求灰分＜0.55%，湿面筋＞28%，稳定时间4分钟，弱化度＜110F.U.。

（2）方便面。方便面要求外观呈均匀的乳白色或淡黄色，气味正常，外形整齐，花纹均匀。食用时复水性能好，复水速度快，复水时间在4分钟以内，具有较强的黏弹性，有咬劲，不酥软，口感爽滑，不粘牙，无淀粉老化现象。油炸方便面还要求含油量尽量低。

一般生产油炸方便面、水煮面、微波干燥方便面，小麦粉的湿面筋含量推荐值为32%～34%；生产热风干燥方便面，湿面筋含量推荐值为28%～32%。从加工性能考虑，选择硬质小麦粉较好，但其食用口感较差。从食用口感考虑，选择软质小麦粉较好，但其含湿面筋量低。因此，可将硬质小麦粉与软质小麦粉按一定比例配合作为生产方便面的原料。小麦粉中的蛋白酶和淀粉酶对方便面生产和产品质量有显著影响，一般要求这两种酶相对较低。生产高质量的方便面要求面粉白度要好，应采用高精度的小麦粉。

39 蛋糕专用小麦的品质特点是什么？

蛋糕是以鸡蛋、食糖、小麦粉等为主要原料，经搅拌充气，辅以疏松剂，通过烘烤或汽蒸而形成的一种组织细腻多孔、疏松绵软而适口的食品。蛋糕按主要原料的不同分为海绵蛋糕和油脂蛋糕，海绵蛋糕常称为清蛋糕，国外称之为泡沫蛋糕，油脂蛋糕在西点中常用，原料中除鸡蛋、糖和小麦粉外，使用了较多的油脂及化学疏松剂。优质蛋糕要求体积大，比容大，表色亮黄，正常隆起，底面平整，不收缩，不塌陷，不溢边，不黏，外形完整，内部颗粒细，孔泡小而均匀，壁薄，柔软，湿润，瓤色白亮略黄，口感绵软，细腻，味正，无粗糙感。

蛋糕加工要求小麦粉的面筋含量和筋力都比较低，一般湿面筋含量宜小于24%，面团形成时间小于2分钟，评价值小于38。蛋糕体积与小麦粉细度显著相关，小麦粉越细，蛋糕体积越大。在美国烘烤蛋糕要求用出粉率为50%经过漂白的精白粉。但破损淀粉应尽量少，α-淀粉酶活性不宜太高，否则易塌陷，要求降落值＞250秒。制作的蛋糕组织松软，粒度细，不掉渣，断面呈蜂窝状，吃口香甜，易于消化，因此要求较低筋力的专用粉来制作蛋糕。

蛋糕专用粉一般是由软麦磨制而得，高档优质蛋糕粉通常是由低面筋含量、低灰分的前路精细好粉组成，取粉率控制在30%～50%，这种面粉更能使得蛋糕质构饱满细腻湿软可口。

蛋白质≤10%（干基），湿面筋≤23%，灰分≤0.45%（干基），吸水率≤53%，稳定时间≤3分钟。不同的蛋糕类型对面粉要求会略有不同。在美国，用于生产蛋糕的面粉通常是经过氯气处理的软麦粉，氯化作用可修饰面粉中的一些组分，对淀粉产生氧化作用，改良面粉性质，使面糊黏性增加。面粉被氯化则pH会降低，因此面粉pH是其氯化程度的标志，所以蛋糕专用粉的pH指标测定非常重要，一般为4.6～4.9。

 饼干专用小麦品质特点是什么?

饼干花色品种繁多，按加工工艺不同分为酥性饼干、韧性饼干、发酵饼干、薄脆饼干、曲奇饼干、夹心饼干、威化饼干、蛋圆饼干、蛋卷、粘花饼干等。不同品种的饼干由于原料的种类、配备比例、加工工艺及成品的质量要求不同，因而对小麦粉的品质要求也有所不同。

（1）**面筋**。韧性饼干是以小麦粉、糖、油脂为主要原料，加以疏松剂等辅料，经面团调制（热粉调制：温度为35～38℃）、辊轧、辊切或冲印、成型、烘烤、冷却等工序制成。韧性饼干的特点是断面呈细致层状结构，口感松脆，外表光滑，表面图案为带有针孔的凹型花纹。

韧性饼干的原料中油、糖比例较小，在面团调制时，加水量较多，小麦粉中蛋白质易吸水形成面筋。制作韧性饼干的小麦粉，宜选用面筋弹性中等、延伸性好、面筋含量较低的小麦粉，一般湿面筋含量21%～28%为宜。另外，调制韧性面团通常需添加一定量的淀粉来吸收这些游离水，以使面团光滑，降低黏性。添加一定量的淀粉还可降低面筋含量，缩短面团调制时间，增加可塑性。淀粉添加量一般为小麦粉的5%～10%。

酥性饼干以小麦粉、糖、油脂为主要原料，加以疏松剂和其他辅料，经冷粉调制（温度为22～24℃）、辊印或冲印、成型、烘烤、冷却等工序制成。酥性饼干的特点是结构细密、内部孔洞较为显著，呈多孔组织，饼干块形厚实，口味比韧性饼干酥松香甜，表面通常由凸起的条纹组成花纹图案，整个平面无针孔。酥性饼干原料中糖与油的用量比韧性饼干多一些，酥性饼干的外形是用印模冲印或辊印成浮雕状斑纹，所以不仅要求面团在轧制成面带时有一定结合力，不粘辊筒和印模，便于连续操作，而且还要求成品的浮雕式图案清晰。制作甜酥性饼干的小麦粉要由软质小麦研磨，一般小麦粉的面筋含量为19%～22%。

梳打饼干质地疏松，断面层次清晰，多作为正方形，一般无花纹，但有大小不均的气泡，表面有针孔。梳打饼干口味清淡、酥松不腻口。梳打饼干的酥松度和层次结构是衡量其质量优劣的主要标志。梳打饼干为发酵食品，口感酥松，有发酵食品的特有香味，含糖量低，不易上色。在生产过程中，采用多次辊轧、折叠、夹酥，因此，面团要求有好的延伸性与弹性，不易破皮。梳打饼干中有80%的小麦粉，故小麦粉的选择很重要。梳打饼干一般采用两次发酵的生产工艺，宜选用面筋含量24%～26%、筋力较弱的小麦粉，这样可使梳打饼干口感酥松，形态美观。

半发酵饼干是综合了韧性饼干、酥性饼干和梳打饼干生产工艺优点的发酵性饼干。半发酵饼干油糖含量少，产品层次分明，无大孔洞，口感酥松爽口，并具有发酵饼干的特殊风味。应选用小麦粉湿面筋含量为24%～30%，弹性良好，延伸性在25～30厘米为宜。

威化饼干为多孔性结构，具有酥脆、入口易化的特点，除夹心部分外，其配方中基本不含油和糖。此类饼干应选用湿面筋含量适中，一般为23%～24%，筋力适宜的小麦粉。

（2）粒度。小麦粉的粒度影响其吸水率。粉粒粗的小麦粉在调粉时，蛋白质胶粒吸水慢，水分子刚开始主要分布在粉粒表面，面团显得较软，十几分钟后随着水分子大量进入蛋白质胶粒内部，面团又变硬，压片时易断裂，影响操作的正常进行。因此，粉粒较粗的小麦粉，调制时需适当地多加水，使面团稍软一些。面团调好后，静置一段时间使面团逐渐变硬，黏度降低，再进行压片和成型。

甜饼干一般要求全部通过150微米的筛孔，威化饼干制作过程中需要调浆，对小麦粉的粒度要求严格，其颗粒应尽可能细小，最好能全部通过125微米的筛孔，只有这样调出的粉浆才能均匀，生产出的饼干表面光滑细嫩，没有粗糙感。

破损淀粉对甜酥性饼干、威化饼干影响不很大，但对梳打饼干和半发酵饼干的质量却有较大影响。如果破损淀粉过多，小麦粉吸水量增多，造成面团发软，弹性降低，饼干会发硬而不酥脆，并且淀粉酶对破损淀粉的水解作用增强，生成糊精，造成饼干发黏。因此，对梳打饼干和半发酵饼干的小麦粉，应控制其中淀粉粒的损伤数。

软麦小麦粉颗粒细，淀粉破损少，吸水少，适宜做糕点。小麦粉越细，酥饼的口感越细腻酥松，结构越细密。但如果过细，淀粉破损多，吸水太多，反而影响花纹、形态和口感，容易粘牙。酥饼直径与小麦粉吸水率呈显著负相关。破损淀粉应＜20%，最好＜13%。

（3）灰分。小麦粉的灰分与小麦粉的加工精度有关，一般情况下，灰分高则麸星含量高，粉色较差，相应生产出的饼干结构粗糙、颜色深、口感差。小麦粉灰分低，饼干则颜色浅。梳打饼干和威化饼干最好选用麸星少、低灰分的小麦粉。

饼干分为发酵饼干和酥性饼干。发酵饼干起发性好、吃口脆香、色白、表面纹条清晰，因此要求用中等偏上筋力的专用粉来制作。酥性饼干具有表面条纹清晰，断面结构均匀，吃口酥松，易化，因此要求用中等偏下筋力的专用粉来制作。

饼干粉是由软质小麦磨制而成，对这类面粉要求面筋弱但具有一定延伸性，蛋白含量较高的硬质麦粉会限制延展，低筋软麦粉利于延展。

饼干类对面粉的灰分指标要求较低，中等或较高的取粉率均可，饼干专用粉也不需要被氯化。优质饼干粉的理化品质指标是：蛋白质含量9.0%～11.5%（干基）、湿面筋含量20%～25%，灰分0.45%～0.60%（干基），吸水率50%～56%。

通常曲奇饼干和酥性饼干要求面粉的面筋含量、筋力、灰分和吸水率较低，而发酵饼干则要求面粉蛋白含量、筋力和吸水率更高些，有时还需要一些硬麦搭配加工。吹泡仪指标与饼干品质的关系密切，因此常使用吹泡仪测定和控制饼干专用粉的品质指标，一般要求饼干粉的吹泡仪P值≤50、L值≥80、W值≤130。

第三章

种植篇

41 小麦品种选择应注意哪些问题？

第一，应考虑小麦冬春性，我国从南到北、从东到西生态条件差异大，各生态区需要根据本区域生态特点选择适宜的品种。总的来说，从南到北的冬麦种植区对小麦品种冬春性的要求是从春性、弱春性至半冬性和冬性。

第二，应考虑本区域适合种植哪种品质类型的品种，是强筋、中筋还是弱？目前的品种区域试验均提供两年的品质检测结果，如果品质指标一年达到优质标准，这个品种就称为优质品种，为了保证品质的稳定性，最好查看两年的品质数据，看品质指标是否两年都达到同一类型的优质标准，这样的品种品质稳定性较好。

第三，看品种的抗逆抗病特性，不同种植区域的主要病虫害和经常遭遇的逆境灾害不同，黄淮麦区应注意品种是否抗小麦条锈病、赤霉病、白粉病，长江中下游麦区应注意品种是否抗小麦赤霉病、白粉病、纹枯病等病害，小麦黄花叶病毒病发生较重的地区还应注意小麦黄花叶病的抗性。在逆境灾害方面，黄淮麦区应注意抗寒耐冻、抗旱抗倒、抗干热风等问题，长江中下游地区应注意小麦品种耐湿性、穗发芽、倒春寒、高温逼熟等抗性。

第四，看品种的农艺性状、丰产性和水肥利用特点。注意品种的产量构成要素，分蘖成穗特性和粒重大小、植株形态和产量潜力。通常分蘖成穗力强的品种稳产性较好。

在品种选择时，首先应做到"高产稳产并重"。高产是实现高效的基础，稳产是抵抗不良因素影响的前提，对丰产田块，当前应选择多穗类型、抗倒性好，播期和播量弹性大，冬春发育稳健，熟期相对较早，有一定抗（耐）病性和抗逆性好的品种。其次要做到"高产优质兼顾"，优质品种是符合市场需求、提高小麦销售价格的重要因素，江苏淮北麦区应选择半冬性强筋中强筋且产量潜力较高的小麦品种，里下河麦区和淮南黏土区应选择春性中强筋小麦品种，沿江沿海沙土区应选择春性弱筋小麦品种。品质在同一生态区的不同田块也有差异，无论哪个类型品质的品种都需要观察本地试种的表现，切忌盲目跟风引种种植。

品种的优劣是相对的，没有完美无缺的品种。不同生态区选择相对适宜的品种后，还需要充分了解品种缺点，从品质和产量两个方面出发，采用配套栽培技术措施，发挥品种潜力，弥补品种不足，实现高产优质高效。比如在倒伏易发生的田块，除选用抗倒伏品种外，还应调整耕作和种植方式，提倡深耕耙地，降低播种量，优化施肥技术，采用生化调控等技术措施。

环境和生态条件不断变化，病虫害和其他自然灾害的发生频率、危害程度也在改变，品种的抗病性和抗逆性的要求也有所区别。同样，市场需求在不断变化，小麦需求已经从单纯追求产量，发展到量质协同提高的阶段，且随着小麦产销平衡后质量要求变得越来越高，因此应适时调整品种结构。

42　近年江苏育成了哪些小麦品种？

江苏地处南北气候过渡地带，小麦种植分为淮南和淮北两个生态区，分属于长江中下游和黄淮南片生态区。江苏省小麦育种具有较强的研究实力，扬麦、宁麦、徐麦、淮麦、镇麦等系列小麦品种在省内外具有较大的影响，近年来育繁推一体化企业也不断有小麦新品种通过审定，形成了品种类型丰富多样的局面。

2016年以来江苏省育成通过国审或省审的小麦品种见表3-1，生产上选择品种时可参考此表以及品种审定公告的相关内容，通过引种试种观察品种表现，在生产上加以利用。

表3-1　2016年以来江苏育成的小麦品种

审定年份	品种名称	较对照增产/%	品质类型	赤霉病抗性	适应区域
2016	宁麦26	6.7	强筋	中抗	淮南

（续）

审定年份	品种名称	较对照增产/%	品质类型	赤霉病抗性	适应区域
2016	农麦88	6.3	强筋	中抗	淮南
2016	华麦8号	7.6	中筋	中抗	淮南
2016	隆麦28	6.3	中筋	中抗	淮南
2016	徐农029	3.5	中筋	中感	淮北
2016	中研麦0709	2.0	中筋	中感	沿淮
2016	苏麦11	4.6	中筋	中感	淮南
2017	明麦133	4.9	强筋	中抗	淮南
2017	宁麦资126	4.6	中强筋	中抗	淮南
2017	扬麦27	4.3	中筋	中抗	淮南
2017	迁麦088	3.4	中筋	中感	淮北
2017	江麦23	3.8	中筋	感	淮北
2017	保麦330	4.8	中筋	中感	淮北
2017	淮麦43	6.9	中筋	中感	沿淮
2017	瑞华麦521	9.0	中筋	中感	沿淮
2017	淮麦920	7.3	中筋	中抗	沿淮
2017	淮麦44	13	中筋	中感	沿淮
2017	瑞华麦520	6.0	中筋	中感	淮北
2018	光明麦1311	1.7	弱筋	中抗	淮南
2018	华麦1028	8.2	中筋	中抗	淮南
2018	农麦126	5.4	弱筋	中感	淮南
2018	扬麦28	6.1	中筋	中抗	淮南
2018	扬辐麦8号	1.6	弱筋	中抗	淮南
2018	扬辐麦6号	5.1	中筋	中感	淮南
2018	宁麦28	5.1	中筋	中抗	淮南
2018	扬辐麦10号	6.3	中筋	中抗	淮南
2018	镇麦13	5.7	中筋	中抗	淮南

（续）

审定年份	品种名称	较对照增产 /%	品质类型	赤霉病抗性	适应区域
2018	扬麦 29	2.8	强筋	中抗	淮南
2018	宁麦资 119	5.2	中筋	中抗	淮南
2018	镇麦 15	6.3	中强筋	中抗	淮南
2018	淮麦 45	7.2	中筋	中感	淮北
2018	徐麦 818	4.1	中筋	感	淮北
2018	华麦 118	4.3	中筋	高感	淮北
2018	农麦 152	4.9	中强筋	感	淮北
2018	农麦 158	4.3	中筋	中感	沿淮
2018	华麦 1028	5.8	中筋	中抗	淮南
2018	瑞华麦 518	7.6	强筋	高感	淮北
2018	瑞华麦 516	4.1	中筋	中感	淮北
2019	苏研麦 017	5.1	中筋	中抗	淮南
2019	淮麦 46	5.0	中筋	高感	淮北
2019	扬麦 30	3.9	中筋	中抗	淮南
2019	金丰麦 1 号	4.6	中强筋	中抗	淮南
2019	江丰麦 1 号	3.9	中筋	中抗	淮南
2019	农麦 156	4.2	中筋	中抗	淮南
2019	瑞华麦 596	0.0	中强筋	中抗	淮南
2019	扬江麦 586	5.2	中筋	中抗	淮南
2019	隆麦 39	4.2	中筋	中抗	淮南
2019	宁麦 27	4.8	中筋	中抗	淮南
2019	扬辐麦 9 号	7.7	中筋	中抗	淮南
2019	徐麦 158	6.2	中筋	感	淮北
2019	淮麦 47	2.2	中强筋	感	淮北
2019	瑞华麦 506	3.1	中强筋	感	淮北
2019	红阳麦 1 号	−7.2	中筋	中抗	沿淮

43 怎样确定小麦适宜播期、基本苗和播种量？

小麦适期播种是形成适龄壮苗越冬的关键技术之一，进而为小麦优质丰产奠定基础。播种过早，冬前形成旺长苗易受冻害，播种过迟则越冬苗龄过小，耐寒力弱，不利于次春早发（图3-1）。

图3-1 不同播期的小麦苗体
（引自倪艳云）

确定小麦适宜播期的科学方法一般采用积温法，即按照小麦播种至出苗需要零上积温120℃左右。冬前每出生一张叶片大约需要积温75℃（因品种、播期、水肥条件及叶位不同而变化于65～85℃，营养条件好则所需积温低，反之则高；生产上常取中间值，即75℃）。半冬性品种冬前壮苗标准为主茎叶龄6叶1心至7叶1心，春性品种冬前壮苗标准为主茎叶龄5叶1心。由此可以计算出达到适龄壮苗所需的积温，并从越冬始期向前推算出不同地区小麦的适宜播期范围。根据常年气象资料统计结果，考虑气候变暖等因素的影响，大致划定江苏不同地区小麦适宜播期范围：淮北地区10月5日至15日，沿淮地区10月15日至25日，苏中及沿江地区10月25日至11月5日，苏南地区11月1日至10日。在此范围内根据土质与茬口适当调节，基本原则是黏土稻茬宜早，壤土旱茬宜迟。

小麦基本苗是指单位面积土地上（通常指每亩，下同）播下的种子所能出的苗数。小麦基本苗是小麦群体发展的起点，群体调控也是从基本苗开始。在一定的基本苗条件下小麦群体自我调控才能得到充分发挥，使得群体与环境和谐。群体过大或过小都无法使品种的优良特性得到充分发挥。

小麦基本苗的确定主要依据一定区域和土壤条件下不同播期单位面积内能实现优质高产目标的适宜成穗数和品种分蘖成穗率。小麦孕穗至开花期是叶面积指数最大的时期，高效叶面积（顶3叶）系数控制在4.5～5.0较合理，此时的穗数可确定为适宜的目标成穗数。再根据特定品种该条件下的分蘖成穗率就可确定小麦的基本苗。

基本苗＝单位面积目标成穗数/品种分蘖成穗率

实际生产中小麦基本苗的确定要根据播期早晚、品种特性、土壤质地、肥力和生态区域等综合确定。一般分蘖力强的多穗型品种基本苗要求少些，分蘖力差的品种基本苗要多些；顶3叶叶片较小，上举，利于密植，基本苗可多些，反之基本苗可少些；高产田基本苗要求较少，而低产田基本苗多些；正常播期基本苗少些，播期推迟基本苗适当增加。

江苏大面积生产中推广应用的主体品种，目标产量500千克/亩左右，春性品种每亩成穗30万～33万株，半冬性品种每亩成穗40万～45万株。综合多方面因素的影响，适期播种条件下，淮北地区半冬性品种的适宜基本苗为10万～12万株/亩，淮南地区春性品种10万～14万株/亩。超出当地适期播种范围，每迟播1天，基本苗增加3000～5000株/亩。一般淮南麦区最多不超过35万株/亩，淮北麦区最多不超过45万株/亩。

播种量是指单位面积土地上所播下的种子数或重量（一般用种子质量表示）。

播种量是在计划基本苗数确定之后，根据所用品种的千粒重、发芽率和田间出苗率计算出来的。具体计算公式如下：

播种量（千克/亩）＝基本苗（万株/亩）×千粒重（克）/（100×种子发芽率×田间出苗率）

田间出苗率与耕整播种质量、土壤墒情密切相关。生产上未实际测定田间出苗率可参照旱茬80%～85%、稻茬70%～75%，秸秆还田条件下60%～70%的经验数据。每晚播1天按照出苗率下降0.5～1个百分点计算。

44 怎样提高土地耕整质量？

土地耕整包括耕地和整地两个方面。耕地是对耕作层土壤进行翻土、松碎、覆盖残茬、杂草或施肥的作业，包括平翻、深松、旋耕、耙地、起垄等农业机械作业形式。整地是对表层土壤进行破碎、平整及镇压的作业。整地是耕地辅助作业，主要作业形式有翻地后耙地、播前镇压等。

小麦季耕整质量主要取决于土壤质地、土壤水分、前作类型、秸秆还田状况、机械类型与动力、耕作方式等。

小麦田前茬一般可分为旱作和稻作。在旱作黏土区土壤绝对含水量控制为 18% ～ 21%，砂土地可略减，此时翻耕质量最好。过干，土壤硬结，不易松碎；过湿，易起垡条，形成"死垡"。如作业面积过大，来不及在适耕期内耕翻作业，应先在田间耙地破土，这样可在较长时间内保持耕层适宜水分，以待后续的耕地作业。

当耕地土壤水分适宜时，需要随耕随耙，有条件的可采用犁后带耙，以便提高耙地质量，为播种创造适宜的土壤条件。当耕地土壤含水率偏大，易起垡条时，应进行晾晒，到易于破碎时再行耙地作业。所有耕地作业都要求耕垄平直，覆垄良好，耕深一致，无重耕漏耕，土壤松碎。

在稻麦轮作条件下，土壤含水率较高，土壤质地黏重，渗水性差，耕作不当较易形成土块，破垡困难，不利于提高耕整质量。因此要注意以下两点：一是提前控制土壤水分，避免烂耕烂种（图3-2）。土壤湿度大，烂耕烂耙作业易使土壤底层滞水，上层被挤压成块，土壤结构被破坏，水、气、热失调，土壤发僵板结，不利于小麦发苗和养分吸收。可通过提高前茬水稻烤田质量、开好烤田沟、收获前7 ～ 10天断水和排水等措施控制土壤含水率。二是采用"深耕、少耕和免耕"相结合的交替耕作法。在多年连续少（免）耕地区，农耗时间充裕（早茬口）及秸秆还田量大时可以采用深耕法，耕翻深度20厘米左右，耕后整平。中茬口可采取旋耕法，旋耕深度5 ～ 8厘米，为争早苗创造条件。晚茬口且土壤含水率高可直接板茬免耕种麦，使用免耕播种机作业，待田干后进一步开沟压泥盖籽。

无论前作是旱茬还是水稻，在时间紧张、机械动力不足以及前作耕翻等条件下均可以采用少（免）耕作业，以耙代耕，免去犁翻，节省耕整作业时间、能源和劳动力，使麦田也能达到播种要求。

图 3-2　烂耕烂种
（引自魏广彬）

45 怎样进行小麦机械化整地？

大面积粮食生产的整地作业可分为耕翻整地、旋耕整地、深松整地、耙地和免耕等几种方式。

耕翻整地是通过铧式犁深翻实现的，犁深20～25厘米，犁翻后还需旋耕耙耱等才能实现田平土碎，它可以改善土层结构、促进土壤与肥料及秸秆等混合、翻埋草籽、降解土壤毒害性还原物质，具有加快土壤熟化等作用，但要求配套动力大（75马力[①]以上）、易助长土壤水分的散失、土壤侵蚀和有机质矿化等不足。

旋耕整地是用旋耕机旋转的刀片切削土壤、疏松耕层、破碎土块的一种耕作方式，是目前应用最广泛的整地方式，具有作业效率高、粗垡块少、地面较平整等优点，但耕深较浅（10～15厘米），对残茬、杂草覆盖度较差，长期作业易使耕层变浅。旋耕作业所用的旋耕机又分为正旋和反旋，其中反旋埋茬效果优于正旋作业，所需动力也比正旋要大。

深松整地是采用只松土、不翻土的深松耕法，在较深部位（耕深30～45

---

① 马力为非法定计量单位，1马力≈0.735千瓦。下同。

厘米）对土壤进行全面或局部疏松，不扰乱土层，可以打破犁底层，利于降水下渗和根系伸展，散墒失水少，但需要配套85马力以上的动力，同时难以翻埋秸秆和杂草，适合于前茬旱作田块，含水量较高的稻茬作业效果不佳。

免耕整地是至作物播种前不进行任何耕、耙、松等作业，直接在板茬地上播种。

小麦前茬可分为水作和旱作。旱作机械化整地相对容易，小麦机械化整地的重点和难点都在稻茬。在稻麦轮作条件下，由于稻田长期灌水，土壤质地黏重，土壤含水率较高，加上稻秸还田与季节矛盾较为突出，机械化整地较困难。因此应抓住以下几个要点：一是土壤湿度大机械耕整效率低，土壤发僵板结，不利于播种与发苗。因此水稻田要开好烤田沟，提高烤田质量，水稻成熟前7～10天断水，为水稻收割和后茬整地、小麦播种创造适宜的土壤墒情。二是秸秆切碎匀铺，是提高整地质量的关键。采用加装碎草匀铺装置的半喂入式联合收割机作业，留茬高度10厘米以下，秸秆切碎长度小于8厘米。三是因地因时制宜采用深耕、少耕和免耕相结合的整地方式，同时进行相应的机械配置。对于潜在肥力高、有效肥力低、质地黏重、结构性差、通透不良的各种土壤来说，可采用耕翻整地（图3-3）；对于土壤熟化程度高、质地轻松的土块或生产条件较好的田块，宜采用旋耕（图3-4）、免耕或深松的耕作方式。

图3-3 耕翻

图3-4 旋耕

46 怎样提高秸秆还田质量?

提高秸秆还田质量是提高整地与播种质量的基础，秸秆成条堆积、秸秆切碎后长度长、收割留茬高度过高以及耕整机械动力较小等都不利于提高秸秆还田质量。

水稻收获前7～10天及时断水，保证收获时土壤墒情适宜，便于机械作业。水稻收获时优先推荐使用配置碎草匀铺装置的半喂入式联合收割机作业，留茬高度10厘米左右，秸秆切碎长度≤8厘米，均匀分布在田表（图3-5）。如果稻秸切碎长度过长或水稻收获时留茬高度过高，收获后应采用专用秸秆粉碎机进行粉碎，秸秆粉碎机要匀速行驶，粉碎刀要贴近地面，确保留茬及秸秆粉碎彻底、分布均匀（图3-6）。秸秆量大可进行耕翻和旋耕两次作业还田，耕翻深度20～25厘米，然后再旋耕或把地将土壤整细整平待播。一般秸秆量可使用反转旋耕机作业灭茬（图3-7），该机需要以大中型拖拉机为配套，动力要求高，稻茬地常常需要90马力以上的配套动力，旋耕深度可达12厘米以上，作业效果好，秸秆在播种层分布比例低，一次作业就可基本满足机械播种的农艺要求。没有反转灭茬装备的也可使用普通旋耕机作业，旋耕深度大于10厘米，需要两次作业，才具有较好的灭茬效果，基本满足后续机械播种要求。

图 3-5　秸秆切碎匀铺

图 3-6　秸秆粉碎匀铺

图 3-7　反转灭茬

如果采用稻田套播小麦，推荐使用携带碎草匀铺装置的半喂入式联合收割机留高茬作业，茬口高度20～30厘米，既减少动力消耗，提高收割作业效率，也减少覆盖厚度，利于小麦出苗。而使用全喂入式联合收割机作业时碎草往往容易缠结，分布不均，透气性差，露籽率高，出苗不齐，成苗率低。

47 怎样进行小麦机械化播种？

小麦播种方式可分为条播、撒播和穴播。条播落籽均匀，覆土深浅一致，出苗整齐，中后期群体内通风、透光较好，便于机械化管理，是适于高产和提高工效的播种方法，高产栽培条件下宜适当加宽行距，有利于通风透光，减轻个体与群体的矛盾。条播还可分宽幅条播、窄行条播。撒播多用于稻麦轮作地区，土质黏重、整地难度大时宜撒播，有利于抢时、抢墒、省工，苗体个体分布与单株营养面积较好，但种子入土深浅不一致。整地质量差时，深、露、丛籽较多，成苗率低，麦苗整齐度差，中后期通风透光差，田间管理不方便。穴播也称点播或窝播，在稻茬麦田和缺肥或混套作地区采用，施肥集中，播种深浅一致，出苗整齐，田间管理方便，但由于穴距较大、苗穗数偏少，影响产量提高，且花费时间及用工较多。

目前小麦机械化播种方式有机条播、机摆播（图3-8）、机械带状匀播（图3-9）、机械宽幅精播和稻田套播等。

图3-8 机摆播

图3-9 机械带状匀播

机条播是较为传统的机械播种方式，具有播量可控、播深一致、出苗整齐、通风透光好等优点，是高产田块的主要播种方式，但对土壤质地、墒情与整地质量要求高，在土壤黏湿与秸秆全量还田条件下，整地质量往往较差，缺苗断垄现象比较严重。机条播一般适用于旱茬地播种。

机摆播是利用传统条播机的播量调节与排种系统，不改变其结构，仅拆除播种开沟（槽）器和排种管，在播种箱下方增加倾斜的前置式挡板，种子经挡板均匀分散滑落于地表，实现先播种后灭茬浅旋盖籽，改机条播入土为均匀摆播入土。而机散播是在传统条播机基础上仅去掉开沟（槽）器，将排种管固定悬挂于离地面一定高度，种子经排种管在重力作用下散落于地表。无论机摆播还是机散播都很好地替代了人工撒播，控制了播量，提高了播种均匀度和工作效率，解决了秸秆还田条件下稻茬小麦的匀播难题。

机械带状匀播是江苏省农业科学院与洛阳鑫乐农业机械有限公司合作，在传统条播机基础上开展的改进与创新。主要原理也是利用传统的条播机的播量调节与排种系统，在不改变其排种结构的基础上，但加大了播种行距，同时拆除播种开沟（槽）器，保留了排种管，在排种管末端加装了鸭嘴型出种口，种子呈带状分布于地表，同时将传统的条播机弯刀旋耕改为直刀旋耕，基本不扰乱种子在田间的水平分布，从而达到增加单行播种宽度的效果。机械带状匀播适用性较为广泛，既可适用于前茬旱作的小麦田，也适用于稻茬麦。

机械宽幅精播是山东农业大学研制提出的小麦超高产技术体系中的核心技术之一，采用蜂窝排种方式，2个排种器供一个排种行，开沟器为三角翼式，不仅能确保均匀播种，而且几乎没有缺苗断垄现象，种子呈带状分布，有利于培育健壮的小麦植株。机械宽幅精播尤适用于前茬旱作的小麦田，如用于稻茬小麦，对土壤墒情与质地都有严格要求，并且整地质量要求高。如果在秸秆大量还田和土壤黏湿条件下，使用该装备播种效果并不理想。

机械稻田套播一般采用弥雾机代替人工稻田撒播，这种方法节工省本，操作方便，利于争抢农时，实现晚中求早。缺点是种子在田间分布不均、种子裸露地表，根系发育不良，后期易早衰。江苏省农业科学院最近研制一种水稻收割小麦播种秸秆覆盖还田一体机，在水稻收割的同时实现小麦播种与秸秆覆盖还田，达到零共生套播的目的，播种均匀度大大提高，不但有利于争抢农时，还降低了作业成本，解决了稻茬麦种植晚、常规套播质量差的难题，有利于提高小麦产量，但这种播种方式要求留茬高度20～30厘米，秸秆能够切碎至5～8厘米，局部秸秆堆积需要人工挑匀，土壤墒情要适宜，土壤含水率在85%左右。

各种小麦机械化播种方式都有一定的条件限制，提高秸秆还田质量是机械播种质量提高的基础。旱茬地小麦机械播种优先推荐机械宽幅精播、机条播和机械带状匀播。稻茬小麦在整地质量较高的条件下优先推荐机条播和机械带状匀播，稻茬小麦整地质量一般的推荐机械带状匀播和小麦机摆播，土壤黏湿且季节紧张可选择机摆播或机散播，也可选择套播。

48 怎样获得小麦壮苗？

小麦壮苗是获得小麦高产的重要形态与物质基础。壮苗次生根和分蘖发生早，低位分蘖多，成穗率高；茎生长锥体积大，以后分化的穗轴节片和小穗数也多，利于大穗形成；叶鞘和分蘖节含糖量高，抗寒能力强；根系强壮，根量大，有利于抗倒伏与抗早衰。

壮苗指标中最直观、易诊断的主要有主茎叶龄、次生根数与单茎分蘖数。壮苗因品种特性、类型与生态条件等不同而有所不同。江苏省南北生态条件差异大，但一般均以越冬期的壮苗指标来评价在田小麦质量的高低。淮北麦区冬前（一般12月15日前后越冬）早茬麦（10月1—8日播种）要求主茎叶龄6～7片，单株茎蘖6～8个，单株次生根8～10条，总茎蘖70万～75万个/亩；中茬麦（10月9—15日播种）要求主茎叶龄5.5～6.5叶，单株茎蘖5～7个，单株次生根6～8条，总茎蘖65万～70万个/亩；晚茬麦（10月16—23日播种）要求主茎叶龄4.5～5.5叶，单株茎蘖3～5个，单株次生根4～6条，总茎蘖55万～60万个/亩。苏中麦区冬前（一般12月20日前后越冬）主茎叶龄5.5～6.0叶，单株茎蘖4～5个，单株次生根4～6条，总茎蘖40万～45万个/亩。苏南麦区冬前（一般12月25日前后越冬）主茎叶龄5.0～5.5叶，单株茎蘖3～4个，单株次生根3～5条，总茎蘖30万～35万个/亩。

培育壮苗主要措施：一是提高播种质量。秸秆还田均匀，能够与土壤混合均匀，播种层秸秆量较少，地块平整疏松，播深适宜（图3-10），深浅一致，提倡条播和宽幅带状匀播，实现落籽均匀，无露籽、深籽和丛籽，墒情适宜播种，播后及时镇压促齐苗。二是严格控制基本苗。合理的基本苗有利于培育健壮个体，实现群体发展与个体协调（图3-11）。淮北麦区早茬麦基本苗控制在8万～10万株/亩，中茬麦基本苗控制在12万～15万株/亩，晚茬麦基本苗控制在15万～18万株/亩。苏中麦区适期播种基本苗控制在10万～12万株/亩，苏南麦区适期播种基本苗控制在12万～14万株/亩。三是合理运筹基蘖肥。

基肥要求氮、磷、钾肥结合，氮肥用量占总施氮量的50%左右，在3叶期前后增施壮蘖肥10%，促进全田平衡发展，基肥中磷肥占总施磷量的60%～70%，钾肥占总施钾量的50%～60%。四是强化苗期田间管理。及时开沟，田间沟系配套可以提高抵御旱涝灾害的能力。此外，还要及时防除田间草害。

图 3-10　小麦播种深度适宜

图 3-11　小麦适期匀播壮苗

49　什么是小麦需肥特点？

小麦不同生育阶段对各种必需养分的需求规律被称为小麦需肥特点。

小麦生长发育除了需要光、温、水、气等条件外，还需要吸收多种营养元素。只有了解小麦在不同生育阶段对养分的需求规律，才能科学高效地进行施肥，从而实现高产、优质、高效的目的。

小麦生长发育所需16种必需营养元素，其中吸收量最多、对小麦产量影响最大的3种元素是氮、磷和钾。小麦每生产100千克籽粒和相应的秸秆约需氮3千克，需磷（P_2O_5）1.0～1.5千克，需钾（K_2O）2～4千克，平均比例约为3∶1∶3。近年来对500千克/亩以上的高产田小麦养分吸收的研究结果显示，大体上 N∶P_2O_5∶K_2O=1∶0.44∶1.10。随着小麦品种及产量水平的差异，不同生育时期吸收的氮、磷、钾的量也有一定的差别，但各期对养分的吸收动态趋势几乎一致。

高产小麦对氮的积累动态随生育进程的推进而逐渐增加，到成熟时达最大。小麦一生中对氮的吸收有两个高峰期，第一个高峰期出现在分蘖期到越冬始期，吸氮约占吸收总量的25%，表明冬前要实现早发壮苗，在分蘖始期土壤供氮强度要较大，因此小麦必须施足底肥。拔节孕穗期出现第二个吸氮高峰，吸氮占一生总量的30%～40%，这一时期是小麦一生中吸氮量最多且吸氮强度最高的时期，这也是重施拔节孕穗肥的重要依据。

小麦在苗期吸磷量较少，出苗至返青占总吸收量的20%左右，磷的吸收高峰期出现在拔节期至孕穗期和开花期至成熟期，分别约占总吸收量的30%和22%。尽管苗期磷的吸收量不高，但相对积累速率最高，为了促早发，在基肥中要增施磷肥，以提高土壤有效磷的浓度。小麦籽粒中的磷主要来自于抽穗前积累在茎叶中的磷，抽穗后所吸收的磷主要积累在根部，可见增强小麦前期吸磷的强度是取得小麦高产的营养条件之一。

高产小麦在苗期吸收的钾量不多，钾的吸收高峰出现在返青期至拔节期，占总吸收量的33%左右，拔节期至孕穗期占40%，孕穗后明显下降，到开花期吸收量达最大值。植株对钾的吸收主要集中在生长前中期。因此基肥中需要施足量的钾肥，以保证前期对钾素的需求。

根据上述小麦需肥特点，生产上常采用两促施肥法，即前期施好基苗肥，后期施好拔节孕穗肥，同时注重三元肥料配合施用。高产条件下，氮肥作基肥常占50%～60%，拔节孕穗肥占40%～50%，磷肥作基肥占70%，以满足吸磷临界期和第一吸肥高峰需要，拔节期占30%，而钾肥作基肥占50%，拔节孕穗肥占50%。

50 什么是肥料三要素？

作物需要多种矿质元素来维持自身的正常生理活动。由于矿质元素对作物的生命活动影响巨大，而土壤中的养分往往不能完全及时满足作物的需求，因此，施肥就成为提高作物产量和改善品质的重要措施。作物对氮、磷、钾需求量最多，而土壤往往又不能满足作物生长的需求，需要以肥料的形式加以补充。因此通常把氮、磷、钾叫做"肥料三要素"。

作物需要多种营养元素，其中氮素尤为重要，在所有必需营养元素中，氮是促进作物生长、形成产量和改善籽粒品质的首要因素。氮是构成细胞原生质和合成蛋白质的主要成分，也是作物体内许多重要有机化合物的组分，例如蛋白质、核酸、酶、叶绿素、维生素、生物碱等。在小麦生育期间适时、适量供氮，并与磷、钾元素保持一定比例，对促进足穗、大穗、大粒和籽粒蛋白质含量有决定性作用。

磷是细胞和细胞质核酸的重要结构物质，又是多种重要化合物如核酸、磷脂、核苷酸、三磷酸腺苷（ATP）等的组分，同时还是参与体内碳水化合物代谢、氮素代谢和脂肪代谢等的活跃因子。磷能促进麦苗早分蘖、早发根，提高植株健壮程度。

钾的营养生理功能为促进光合作用和提高CO_2的同化率，促进光合产物的运输、促进蛋白质合成、激活多种酶的活性，促进有机酸代谢，具有增强作物的抗逆性和改善作物品质的作用。钾还能促进植株维管束系统的发育，使茎壁细胞组织加厚，提高抗倒伏能力。因此钾也有"品质元素"和"抗逆元素"之称。

51 什么是氮肥运筹？

俗话说，"庄稼一枝花，全靠肥当家"，科学施用肥料对于作物丰产十分重要。根据作物一生对氮肥的需求规律、土壤供氮能力以及目标产量与品质等综合因素而制定相应的氮肥使用计划，包括氮肥使用时间、氮肥种类与数量、施肥方法等，推动作物群体与个体协调发展，从而实现氮肥的高效利用与预期的产量和品质目标，这个过程就称为氮肥运筹。

小麦一生中氮素的吸收积累量随生育进程推移而增加，从出苗至越冬始期出现第一个峰值，进入越冬期麦苗生长缓慢，吸氮量也减少，返青至拔节前积累量增长缓慢，拔节期至开花期积累量陡增，成为一生的吸氮高峰期。氮肥运筹上必须保证小麦在吸氮高峰期有较高的供氮强度和群体有较高的吸收消化氮素的能力。一般情况，中产田氮肥总量的50%做底肥，50%做追肥；高产田40%做底肥，60%做追肥；低产田60%做底肥，40%做追肥。

随着小麦单位产量不断提高，以往在基本苗偏多或基肥比例偏高的条件下，群体高峰苗往往偏多，倒伏风险大。因此提倡拔节孕穗肥在基部第1、2节间定长后才能施用。高产田要求基本苗和基肥施用比例下降，氮肥作拔节孕穗肥比例适当增加，基础地力条件好的，基肥可适当降低，拔节孕穗肥可占60%，但宜分次施用，以实现提高茎蘖成穗率和减少小花退化，第一次宜在倒3叶露尖叶色褪淡、落黄时施用，占拔节孕穗肥的60%，剩余部分于倒2叶末至剑叶露尖时施用，以提高结实率和粒重。

52 小麦施肥方式有哪些？

小麦施肥方式不同，肥料的利用效率不同。氮肥在土壤中易随水分移动，钾次之，磷不易移动且距离短，所以磷钾肥须施在近根处，而氮肥可施在较深处。根据施肥位置可分为撒施、沟施、穴施等。撒施：在小麦播种前，将肥料撒施于地表，使全田肥料均匀分布；沟施：将肥料施入预先开好的沟内，沟施使土壤与肥料接触范围小，肥料被土壤固定少，用肥经济，缺点是小麦生育后期施肥，田间作业不便；穴施：在小麦种子或植株旁的土壤中，通过人工或机具打孔进行点状方式施肥，20世纪70—80年代，农村小麦点腊肥常采用穴施，这种方式肥料利用率最高，但用工较多。

根据使用动力不同可分为人工施肥和机械施肥（图3-12至图3-14）。人工施肥是传统的施肥方式，而借助于动力机械施肥是现代麦作的主要施肥方式。

图 3-12　人工施肥

图 3-13　机械播种施肥一体化

图 3-14　简易的自制撒肥机

53 什么是缓控释肥？

普通化学肥料的养分释放速率较快，与植物吸收养分规律经常不一致，同时氮肥易挥发、硝化及反硝化，磷肥容易沉淀，这些因素都会造成肥效期短，肥料利用率低，对生态环境影响较大。为了使肥料释放速率和强度与植物养分吸收规律尽量吻合，早在20世纪初农业化学家就已经提出缓释肥料的概念。

缓控释肥（图3-15）从广义上讲是指肥料养分释放速率缓慢，释放期较长，在作物的整个生长期都可以满足作物生长需求的肥料。美国作物营养协会（AAPFCO）对缓释和控释肥的定义为：所含养分形式在施肥后能延缓被作物吸收与利用，其所含养分比速效肥具有更长肥效的肥料。从狭义上讲缓释肥和控释肥又有各自的定义。缓释肥（SRFS）又称长效肥料，主要指施入土壤后转变为植物有效养分的速率比普通肥料缓慢的肥料，其释放速率、方式和持续时间不能很好地控制，受施肥方式和环境条件的影响较大。缓释肥的高级形式为控释肥（CAFS），是指通过各种机制措施预先设定释放期和释放速率来控制养分释放，达到养分释放规律与作物养分吸收基本同步，从而达到提高肥效目的的一类肥料。

图 3-15 缓控释肥

缓控释肥可以通过延缓、控制养分的释放来延长肥料的作用期，从而使作物在整个生长期都能获取所需的养分，在提高肥料利用率、使作物增产提质的同时，减少土壤氨挥发对环境的污染，并且可以节省追肥人工成本。

近几年我国缓控释肥发展迅速，主要采取两种技术路线，分别是将肥料进行微溶化或包膜处理来实现肥料养分的缓控释。前者的代表性产物有脲醛化合物（UF），后者的代表性产物有硫包膜尿素（SCU）、聚合物包膜尿素（PCU）等。

当缓控释肥被施入土壤时，会在生物作用以及化学作用下被逐渐分解，里面的缓释肥是一种化学营养物质释放速率远小于速溶性肥料的化肥，对植物的营养起到长效供应作用，缓释肥种类大多数为氮肥，常见的缓释肥是硫衣尿素。控释肥采用聚合物包膜颗粒肥料，通过聚合物降解程度调控化学养分的释放速率，促使养分释放速率与农作物不同生长时期需肥量达到一致。

土壤的类型、pH、水分含量、温度、微生物代谢活动及降水或灌溉水量等因素将对肥料养分的释放产生一定影响，目前，养分释放与作物营养需求在大多数情况下较难达到一致。随着科技的进步，未来缓控释肥的市场应用前景将会越来越广阔。

54 什么是小麦需水特点？

水分是作物生长发育不可缺少的因素，同时又是调节生态环境的重要因素。在小麦植株体内，水分占植株鲜重的60%～80%。正是有赖于水的存在小麦才能进行各种生理活动，各种营养元素只有溶于水才能被小麦根系等器官吸收并转运到其他各个器官，从而完成一系列的生理活动，同时又借助水将光合产物以及其他合成物输送到小麦根系、茎、叶、穗等器官，完成生长和发育过程。水还可以调节小麦的生活环境，改善农田小气候，并通过以水调肥，调控小麦群体协调发展。

小麦需水特性是指小麦不同生长发育阶段对水分需求和敏感程度不同，也称为小麦需水规律。

小麦播种至出苗阶段总耗水量较少，只要土壤水分能够满足小麦发芽出苗的要求，种子就可以萌发出苗。土壤过多的水分对发芽出苗不利，但干旱缺水也常引起出苗困难或缺苗断垄。苗期阶段一般气温低，小麦苗体小，水分消耗较少，需水量相应较少。适度的干旱还能促进根系下扎。

越冬期至返青期，受气温逐步下降的影响，小麦生长相对缓慢，蒸腾强度小，小麦耗水量较少。

拔节孕穗期，受气温逐步升高影响，小麦生长发育加快，营养器官生长迅速，叶面积快速增大，生殖器官开始分化发育，代谢非常旺盛，耗水量随之快速增加。此时小麦对水分十分敏感，缺水将对小麦的生长发育和产量形成产生严重的抑制作用，特别对穗粒数影响强烈。

抽穗开花期，小麦叶面积处于稳定最大时期，蒸腾强度大，同时进行开花授粉受精等生理活动，籽粒逐渐生长，需水量也较大。此时缺水易造成结实不良，有效粒数减少，产量下降。

灌浆期，在灌浆初期，小麦需水量达到一生中最大值，随后绿色叶面积开始下降，植株活力也开始衰减，小麦耗水量也逐步下降。维持正常的水分供应有利于延缓绿色叶片功能期，提高光合效率与物质转运。"灌浆有墒，籽饱穗方。"此期缺水容易出现叶片早衰、有机物运输受阻，籽粒灌浆不足，千粒重下降。

纵观小麦一生，随着生育进程的推移，日需水量逐渐增多，至灌浆初期达到最大值。需水量大体是生育前期和后期较少，中期因生长发育旺盛，需水较多。其中播种出苗期至越冬期需水占11%～23%，越冬期占5%～10%，返青期占5%～10%，拔节孕穗期占20%～35%，抽穗开花期占20%～30%，灌浆期占11%～24%。

影响小麦需水量的因素很多，除品种特性外，主要是气象条件，大气干燥、气温高、风速大等，蒸腾作用强，小麦需水就相对较多。在小麦生产过程中，根据小麦不同生育阶段的生长特点及其对水分的需求规律，结合气象条件，通过合理水分管理促控小麦生长，协调群体与个体、地上与地下、营养生长与生殖生长之间的关系，就可以实现小麦高产优质与水分利用效率同步提高。

55 什么是麦田一套沟？

小麦全生育期消耗大量的水分，而由于自然降水时空分布与小麦需水规律并不一致，有时需要灌水抗旱，有时又需要排水降渍，因此通过开沟可以建立田间排灌系统，实现抗旱、排涝和降渍，提高抵御自然灾害的能力，为实现田间供水与小麦需水的同步创造必要的调控条件。

"麦田一套沟，从种管到收。"所谓"麦田一套沟"（图3-16）是指围沟、竖沟和腰沟，实现三沟配套，沟沟相通。一块面积较大的麦田，围绕麦田四周开的沟，称为围沟，一般深度较深，便于排水。除了围沟外，麦田纵向开的沟称为竖沟，横向开的沟称为腰沟。

图 3-16　麦田一套沟

一般标准：正常播种条件下，间隔3～4米开一道竖沟，沟深15～20厘米，腰沟20～25厘米，围沟25～30厘米。黏土稻茬麦区，间隔2～3米开一道竖沟。

56 怎样进行小麦灌水？

根据小麦需水规律及所处的生长阶段，综合考虑气候条件、土壤供水状况以及小麦形态变化等因素，合理科学补水，用最少的灌水量获得最大的效益。合理灌溉有助于小麦实现高产优质和水肥高效利用。

根据土壤含水量指标进行灌溉。在小麦不同生育时期，根据土壤墒情决定是否需要灌溉是比较简单有效的方法。小麦苗期土壤含水量指标可设为田间持水量的55%～75%，当土壤含水量降低到55%时，就要补水灌溉，灌水量上限可到田间持水量的75%。中期为田间持水量的65%～85%，后期为60%～75%。

根据小麦形态指标的变化进行灌溉。作物叶片对水分亏缺甚为敏感，可根据小麦幼嫩叶片的萎蔫程度判断是否需要灌水。当小麦叶片发生萎蔫并在傍晚仍不能恢复时，表明土壤水分已不足，需要及时灌溉。

小麦全生育期灌溉定额，可采用下列公式计算：$M=E-W_1-P+W_3-K$

式中，M 为全生育期灌溉定额（米³/公顷）；E 为全生育期小麦田间需水量（米³/公顷）；W_1 为播种前土壤计划湿润层的原有储水量（米³/公顷）；P 为全生育期内有效降水量（米³/公顷）；W_3 为小麦生育期末土壤计划湿润层的储水量（米³/公顷）；K 为小麦全生育期内地下水利用量（米³/公顷）。一般地下水位较深的土壤地下水利用量很小，可以忽略不计。

小麦灌水方法主要有漫灌、畦灌、沟灌、喷灌（图 3-17）、滴灌等。漫灌水利用效率最低，滴灌水利用效率最高，但滴灌需要有相应的设备与管道设施，一次性投入成本较高。生产上常采用沟灌和喷灌，比较经济高效。

图 3-17　小麦喷灌

（左引自 https://www.ahnk.com.cn/display.php?id=5819；右引自 http://ah.ifeng.com/a/20180410/6492897_0.shtml）

57　小麦镇压有什么作用？

小麦镇压是一种传统的碎垡保墒促苗技术，尤其在秸秆还田条件下，土壤表层暄松，种子与土壤分离或结合不紧密，保墒能力差，小麦出苗难，根系发育不良，冬春因吊根发生黄苗或弱苗现象比较普遍，抗冻能力也弱。

通过镇压可以压碎坷垃，塌实土壤，增加容重，增强保墒能力，提高抗冻能力。镇压可使 0～10 厘米土层的土壤容重增加 0.25 克/厘米³，可有效防止根倒伏和因吊根而死亡。冬前与早春镇压，可使 0～5 厘米土层的水分增长 3% 左右。干旱时播前镇压，可使 0～8 厘米土层的水分提高 1%～3%，干土层厚度由 3～5 厘米下降为 1～2 厘米，利于出苗扎根。播后镇压还可密封土壤龟裂，使耕层中大孔隙下降 9% 左右，能有效减少气态水的蒸发散失，保墒效果明显，促进次生根萌发，防止冷空气进入土壤危害根系及分蘖节。麦田镇压可使夜间表土温度比对照区高1～2℃，对防御小麦冻害也具有重要意义。

小麦苗期或播前镇压，有促进生长发育的作用，能提高出苗率10个百分点以上，又易于达到深浅一致，提前1～3天出苗，使越冬期单株分蘖和春季最高分蘖增加0.7～0.8个，单株次生根的数量增加0.3～2.1条。苗期镇压在促使根系生长的同时，还可以抑制旺长，增强抗倒能力。

麦田镇压要适时适度，可以采用专门的镇压器进行作业，对于秸秆还田、播种偏早、群体偏旺、土壤干旱等田块要尽早进行镇压，镇压强度要加大。所有镇压作业应在小麦起身前进行，播后镇压最为重要，有利于促进齐苗、壮苗和早苗（图3-18），提高抗旱抗寒等抗逆境能力。麦田镇压还要注意，田间土壤含水率较高和弱苗不要镇压，秸秆还田量大、通风跑墒快的要早压重压。

图3-18　播后镇压与出苗

58　哪些生长调节剂可在小麦上应用?

植物激素是植物体内代谢产生、能运输到其他部位起作用、在低浓度下就表现出明显的调节植物生长发育效应的化学物质。植物细胞的生长与分化、细胞的分裂、器官的建成、休眠与萌发及植物的成熟、衰老、脱落等，都直接或间接地受到植物激素的调控。人们根据植物激素的结构、功能和作用原理，人工合成或提取了一些能改变植物激素的合成、运输或作用，从而调节植物生长发育和生理功能的物质，即植物生长调节剂。

根据生理功能的不同，可将植物生长调节剂分为生长促进剂、生长延缓剂和生长抑制剂等。生产上植物生长调节剂主要有以下13种。

（1）抗倒酯。该调节剂登记在小麦上有微乳剂、乳油和可湿性粉剂，目前登记了9种商品。其作用机理如下：一是它属于环己烷羧酸类植物生长调节剂，是赤霉素生物合成抑制剂，通过降低赤霉素的含量，控制作物旺长，达到作物抗倒伏的作用。二是药剂可被植物茎、叶迅速吸收并传导，通过降低株高、增加茎秆强度、促进根系发达来防止小麦倒伏。同时本品还可以提高水分利用率、预防干旱、提高产量等。

（2）**芸薹素内酯**。在小麦上登记有22种商品，其中有丙酰芸薹素内酯、赤·吲乙·芸薹、24-表芸·三表芸、24-表芸薹素内酯、28-表高芸薹素内酯和28-表芸·烯效唑。作为植物源生长调节剂，具有使植物细胞分裂和延长的双重作用，促进根系发达，增强光合作用，提高作物叶绿素含量，促进作物对肥料的有效吸收，辅助作物劣势部分良好生长。主要用于调节小麦生长，达到增产效果。此外，还有促进细胞生长和分裂、促进花芽分化、提高光合效率、增加作物产量、改善作物品质以及提高小麦对低温、干旱、药害、病害及盐碱的抵抗力等作用。

（3）**复硝酚钠**。目前登记有6种商品，一般为水剂，作为一种植物细胞复活剂，能迅速渗透到植物体内，促进植物细胞的原生质流动，提高细胞活性，促根壮苗，加快生长发育速度，增强抗病、抗逆能力，改良产品品质和提高产量。

（4）**矮壮素**。目前登记有10种商品。矮壮素能有效控制植株徒长，促进生殖生长，使节间缩短，植株长得矮、壮、粗，根系发达，提高抗倒伏能力。矮壮素还能提高作物的抗旱、抗寒、抗盐碱等能力。科学合理使用矮壮素，能解决植物营养生长与生殖生长的矛盾，提高产量。

（5）**三十烷醇**。目前登记有5种商品，一般有0.1%微乳剂和2%可溶粉剂。该品具有多种生理功能，可影响植物的生长、分化和发育。主要表现：能增强酶的活性，促使种子发芽，提高发芽率；增强光合强度，提高叶绿素含量，增加干物质的积累；促进作物吸收矿物质，提高蛋白质和糖分含量，改善产品品质等。此外，还有促进农作物长根、生叶、花芽分化，增加分蘖，促进早熟，提高结实率和促进吸水，减少蒸发，增加作物抗旱能力的作用。主要用于调节小麦的生长，有利于促进增产。

（6）**吲哚丁酸**。作为植物内源生长素，可经由叶片、植物的嫩表皮、种子，进入植物体内，随营养流输导到起作用的部位，能够诱导植物根原基分化，快速开根，加速根系生长和发育，大大增加毛细根数量和侧根长度，有利于形成多而壮的植株根系群，提高抗逆性，促进分蘖和壮苗，促进根系更新，强壮植株，增加产量，提高品质。

（7）**吲哚乙酸**。该品能有效促进和调控作物的营养与生殖生长，实现高产、优质、抗逆（抗旱、抗寒、减轻病虫害、耐脊薄等）等，可用于小麦播前拌种。

（8）硅丰环。硅丰环拌种剂系植物生长调节剂，可刺激植物细胞的有丝分裂，增强植物体光合作用，从而提高作物产量。该产品主要用于种子处理，具有用量小、增产幅度高的特点，同时能够增强作物的抗旱、抗寒及抗病能力。

（9）多效唑。此类登记的商品有15种。该品为三唑类植物生长调节剂，适用于小麦生长调节，能有效控制小麦株高，降低节间长度。具有延缓植物生长，抑制茎秆伸长，缩短节间，促进植物分蘖，增加植物抗逆性能，提高产量等效果。该品对调节小麦生长，增加产量有一定作用。

（10）S-诱抗素。S-诱抗素是一种天然植物生长调节剂，能平衡植物生长，提高光合效率，有效增强植物抗逆能力。该品主要用于浸种处理，具有增强发芽势，提高发芽率，促根壮苗，促进分蘖和增强植物抗逆性的功效。该品还能诱导植物抗逆基因表达，提高植物生长素质，增强植物抗逆能力。

（11）萘乙酸。该品具有内源生长素的生理活性，可通过叶面、茎秆进入植物体内，能够增加作物的新陈代谢和光合作用，促进细胞的分裂与扩大，提高植株抗冻、抗青枯和抗干热风能力。对已发生冻害的小麦，或因缺肥造成的植株发黄，能够促进地下部分的分蘖和萌发，提高成穗率，促进生长，喷后迅速发绿。扬花期使用，能够加快小麦灌浆进程，增加千粒重，有效改善小麦品质，促进增产。

（12）糠氨基嘌呤。该品为植物内源细胞分裂素，具有提高作物授粉性、促进结实率、增加叶绿素含量、提高光合效率、延缓植物衰老和促进灌浆等作用。

（13）烯腺·羟烯腺。该品为生物发酵提取的植物生长调节剂，能刺激植物细胞分裂，促进叶绿素形成，增强植物光合作用，具有促进作物生长和提早成熟的作用。

59 怎样施用小麦叶面肥？

作物不仅可以通过根系吸收养分，还可以通过地上部的茎、叶、花、果实等吸收养分。由于作物的叶吸收养分的表面积最大，所以称除了根以外的施肥为叶面施肥，也称根外施肥。叶面施肥是提高农作物产量和品质的有效途径。小麦叶面肥是通过以叶片器官为主向小麦提供营养物质的肥料统称。

叶面施肥不受土壤因素的影响，肥料利用率高，其有效率远高于土壤施肥，由于肥料直接施在叶面上，避免了养分被土壤吸附固定、微生物降解等损失。叶面施肥可快速补充小麦生育期间所需养分，如尿素施用于土壤一般需要4～5天才起效，而叶面肥1～2天就能有明显效果，养分由叶面向其他部位运输也较快，对于消除某些缺素症或因自然灾害需要迅速补救时有重要作用。叶面施肥可提高光合作用和呼吸作用的强度，增强植株体内代谢能力，促进根系吸收肥水。在小麦生育后期根系吸收能力弱时，叶面施肥可避免小麦因脱肥早衰而减产。

当前生产上所使用的叶面肥料主要分为三类。第一类是无机营养型，如尿素、磷酸二氢钾及微量元素叶面肥。作用就是补充作物生长期间所需的营养元素。第二类是有机营养型，如腐殖酸类、氨基酸类等。作用是不仅可以为作物提供营养元素，还可提高作物抗寒、抗旱、抗病等能力，对作物生长发育有一定的刺激作用。第三类是复合型，将有机营养型或无机营养型与生长调节剂复合，将作物生长调控与植物保护结合在一起，充分发挥叶面肥的多重功能。

常用小麦叶肥叶面喷施肥料及其适宜浓度：尿素0.5%～2.0%、磷酸二氢钾0.3%～0.5%、硫酸钾1.0%～1.5%、硼砂0.05%～0.2%、硫酸锌0.01%～0.05%。喷肥一般应在小麦生育的中后期进行，这样才能获得最大的效益。叶面施肥只起补充和调节作用，不能代替土壤施肥，要严格控制施肥浓度。

 怎样进行小麦机械化收获？

小麦最佳收获期是蜡熟末期。小麦蜡熟中期下部叶片干黄，茎秆有弹性，籽粒转黄色，饱满而湿润，籽粒含水率25%～30%。蜡熟末期植株变黄，仅叶鞘茎部略带绿色，茎秆仍有弹性，籽粒黄色稍硬，内含物呈蜡状，含水率20%～25%。完熟期叶片枯黄，籽粒变硬，呈品种本色，含水率在20%以下。小面积收割宜在蜡熟末期，大面积收割宜在蜡熟中期，以使大部分小麦在适收期内收获。如遇雨季迫近，或急需抢种下茬作物，或品种易落粒、折秆、折穗、穗上发芽等情况，应适当提前收割。

小麦收获机械一般用全喂入式联合收割机，作业前需对机械进行全方位检查，并进行试割，发现问题及时修理，确保无故障。同时在收获前，了解作业地块大小与形状、小麦产量和品种、干湿程度、倒伏程度、自然高度、种植密度等情况，及时调整脱粒间隙、拨禾轮位置和高度、滚筒转速，使联合收割机各部件功能处于最佳状态，充分发挥机械效能，提高作业质量和减少损失。

小麦机械化收割（图3-19）不宜作业速度过快、留茬过高或过低，否则籽粒将损坏较大，一般留茬高度控制在 10～15 厘米，最低不小于 5 厘米，最高不超过 25 厘米。根据联合收割机自身喂入量、小麦产量、自然高度、干湿程度等因素选择合理的作业速度。通常情况下，采用正常作业速度进行收割，当小麦稠密、植株高大、产量高、早晚及雨后湿度大时，应适当降低作业速度。在负荷允许的情况下，一般满幅或接近满幅工作，保证喂入均匀。当小麦产量高、湿度大或留茬高度过低时，以低速作业仍超载时应适当减少割幅，以保证脱粒质量。

图 3-19　小麦机械化收割

小麦倒伏后应适当降低割茬，以减少漏割，拨禾轮适当前移，拨禾弹齿后倾15°～30°，以增强扶禾作用。倒伏严重的，则采取逆倒伏方向收割，降低作业速度或减少喂入量等措施。小麦过度成熟时，茎秆过干易折断，麦粒易脱落，脱粒后碎秸秆增加易引起分离困难，收割时应适当调低拨禾轮转速，防止拨禾轮板击打麦穗造成掉粒损失，同时降低作业速度，适当调整清选筛开度，也可安排在早晚茎秆韧性较大时收割。

根据各地秸秆综合利用的要求，秸秆全量还田的还需要在收割机尾部加装碎草匀铺装置，以实现麦秸切碎匀铺还田，为后续耕整作业创造良好条件。秸秆收集离田再利用的就不需要在收割机上加装切碎匀铺装置，为后续收集打捆机作业打捆创造条件。有条件的地方可使用携带打捆装置的联合收割机作业，一次完成小麦收割与秸秆打捆。

第四章
抗逆篇

 怎样防治小麦赤霉病？

赤霉病（图4-1）是江苏省淮南地区小麦的重要病害，一般3～5年大流行一次，2～3年中度流行一次。近年来，在淮北麦区的发生有所加重。大流行年的病穗率可达50%～100%，减产10%～40%。赤霉病除造成小麦产量损失外，还影响小麦籽粒品质。病菌侵染过程中会产生呕吐毒素（脱氧雪腐镰刀菌烯醇）并在麦粒中积累。食用病麦能使人畜发生呕吐、食欲下降等现象，并造成免疫力下降等。

图4-1　小麦赤霉病田间症状

小麦赤霉病的病原菌主要为亚洲镰孢菌和禾谷镰孢菌。病菌除可侵染小麦外，还可侵染大麦、玉米、水稻和多种禾本科杂草。病菌可在土壤中越冬和越夏，长期存在。常年3月下旬，如温度、湿度适宜，病菌可在土表的水稻或玉米秸秆上产生黑色的颗粒（子囊壳），子囊壳内子囊渐渐成熟，4月上中旬（淮北偏晚）子囊孢子成熟。雨水可促进子囊孢子的释放。此时，小麦开始抽穗扬花。子囊孢子在小麦花药上萌发，菌丝可由此侵染小麦颖壳，并扩展到穗轴，造成麦穗局部和整体枯萎。湿度较高时，后期可在小穗或穗轴上产生粉红色的霉层（分生孢子）。小麦成熟后，病组织落入田间。

小麦赤霉病的发生流行取决于小麦抽穗期前后暖阴雨日的多寡。温度、湿度可影响子囊壳的产生和释放，较高的温度和较多的雨水有利于病菌的侵染。

在赤霉病防控上，应以利用抗性品种为基础，通过耕作等方式减少土壤表面的秸秆，从而降低菌源，根据天气情况科学使用杀菌剂进行病害预防。

（1）选用抗性品种。品种的抗性是防控小麦赤霉病的基础。病害流行地区和年份种植感病品种常导致药剂防控效果不理想，甚至失效。不同的小麦品种对赤霉病的抗性有较大差异，宁麦13、镇麦12、扬麦20、华麦8号和扬富麦101等淮南小麦品种对赤霉病具有较好的抗性。淮北品种的抗性水平低于淮南品种，淮南地区不宜种植淮北品种。

（2）农业防治。麦田土壤表面的水稻秸秆和玉米秸秆等是病菌繁殖产生孢子的场所，也是病害的初始菌源地。土壤表面的秸秆量和病菌的初始菌源量密切相关，影响病害的发生。为了减少菌源量，可通过秸秆再利用和机械深翻入土等方式以减少麦田土壤表面的水稻秸秆和玉米秸秆量。另外，豆茬麦等赤霉病发生较轻，在条件允许时可采用豆麦连作。

（3）化学防治。小麦开花灌浆期是麦穗最易感病的阶段，也是药剂保护的关键时期。根据天气短期预报，开花灌浆期可能遇降水的麦田必须进行防治。第一次喷药应在齐穗期至始花期（10%麦穗扬花，见花打药）。小麦赤霉病防治的次数取决于天气情况和小麦品种特性。在初始用药后7天内，如遇连续高温多湿天气，必须进行第二次防治，以控制病害。

防治小麦赤霉病有效药剂主要有戊唑醇、氰烯菌酯、丙硫菌唑和氟唑菌酰羟胺等。戊唑醇、丙硫菌唑单独和复配使用，除了对小麦赤霉病有较好的防治效果，还可防治小麦白粉病和锈病等病害。适宜的有效用量为8～12克/亩。用量过低，防治效果差，还会刺激病菌产生毒素。氰烯菌酯对小麦赤霉病防治效果好，但对小麦白粉病和锈病无效，可与戊唑醇等一起使用。氟唑菌酰羟胺（麦甜）是防治小麦赤霉病的新药剂，但对小麦锈病的防效不理想，可与其他三唑类药剂一起使用。药剂用量严格按照产品说明书，不盲目增加用量或与其他杀菌剂混配。

目前，防治小麦赤霉病的器械主要有自走式喷雾器、电动喷雾器和无人机等。一般自走式喷雾器用水量为30～40升，电动喷雾器的用水量需达到20升以上，无人机的药液量须1升以上。尽量降低药液的雾滴直径，保证药剂的防治效果。

62 怎样防治小麦白粉病？

白粉病（图4-2）是小麦的常见病害，随着耕作制度和生产条件的改变，尤其是随着种植密度的提高和水肥施用量的增加，小麦白粉病发生区域扩大，严重程度增加。病害发生麦田一般可减产10%左右，严重田块可达20%～30%。

图4-2 小麦白粉病田间症状

小麦白粉病在苗期和成株期都可发生。该病主要为害叶片，严重时也可为害叶鞘、茎秆和穗。病害刚发生时出现黄色小点，而后逐渐扩大为圆形或椭圆形的病斑，并出现白色粉状霉层（分生孢子），霉层渐渐变为灰白色和浅褐色，后期产生许多黑色颗粒（闭囊壳）。

小麦白粉病的病菌为禾本科布氏白粉菌。该病菌为专性寄生菌，须在活的小麦上生存。病菌主要在气温较低地区的自生麦苗或夏播小麦上进行侵染繁殖和越夏。病残体上的闭囊壳也可在低温和干燥的条件下越夏。江苏省夏季高温多雨，其越夏初始菌源主要来自于其他地区；冬季气温温和，秋季传入的小麦白粉病菌能在本地越冬，从而在春天进行繁殖和侵染。

影响小麦白粉病春季发生主要有以下因素：

（1）**气候条件**。冬季和早春气温高，田间墒情好，有利于病菌的繁殖和侵染，病害发生早。3月中旬至4月下旬，适温、高湿、寡照气候条件可促进白粉病病情快速发展。5月温度较高，雨量适中，进一步加重白粉病的发病程度。

（2）**栽培方式**。江苏省大部分地区水稻收获期比过去明显推迟，导致腾茬晚，影响了小麦的适期播种。小麦播种时气温偏低，导致用种量大，田间麦苗密度普遍较高，通风、透光条件差，麦苗个体长势弱，有利于白粉病的发生。氮肥使用量大，有利于病害发生。田间排水条件差、湿度高，病害发生加重。

（3）**品种抗性**。目前主栽品种大多不抗病，只要气候条件适宜，均可造成白粉病严重发生。

在防治上应采用以下防治技术。

（1）**农业防治**。适时适量播种小麦，控减基本苗，降低麦田群体密度，改善通风透光条件；搞好三沟配套，排水降渍，营造不利于白粉病发病的环境。

（2）**选用耐抗病品种**。郑麦9023、扬麦20等对小麦白粉病具有较好的抗性，可有效减轻病害的发生程度和为害。

（3）**化学防治**。坚持"预防为主、抓小治早"的策略，单独防治，防治时间尽量选择发病初期，不能等到穗期与赤霉病兼治，以利于压低发生基数、充分发挥药效。可在3月至4月上中旬在防治纹枯病时兼防白粉病。药剂品种可选既对纹枯病有效、又对白粉病有效的三唑类药剂。在白粉病重发年份，要加足防白粉病的药剂用量。防治小麦白粉病可选用环丙唑醇、戊唑醇、氟环唑、乙嘧酚、醚菌酯、吡唑醚菌酯等。化学药剂防治过程中要做好不同类型药剂的轮换使用，以降低或延缓抗药性的产生，确保防治效果。

63 怎样防治小麦锈病？

江苏省发生的小麦锈病有叶锈病（图4-3）和条锈病（图4-4），在流行年份可减产20%～30%。两种锈病都主要为害叶片。叶锈病菌夏孢子堆橘红色，不规则散生，一般多发生在叶片的正面，少数可穿透叶片。条锈病夏孢子堆鲜黄色，与叶脉平行，且排列成行。

图 4-3　小麦叶锈病田间症状

图 4-4　小麦条锈病田间症状

　　小麦叶锈病病菌为小麦隐匿柄锈菌。条锈病病菌为条形柄锈菌，都主要以夏孢子世代完成其生活史。夏孢子萌发后产生芽管从叶片气孔侵入，在叶面上产生夏孢子堆和夏孢子，进行多次重复侵染。

　　小麦条锈病菌是典型的远程气传病害。其侵染循环可分为越夏、侵染秋苗、越冬及春季流行 4 个环节。在陕西陇南等地越夏的菌源随气流传播到湖北、河南等冬麦区后，遇有适宜的温湿度条件即可侵染冬麦秋苗。小麦返青后，病害扩展迅速，向安徽、江苏、山东等麦区蔓延。在具有大面积感病品种前提下，越冬菌量和春季温度、降水成为流行的重要条件。目前江苏种植的大部分品种对两种锈病的抗性都较差。

小麦锈病应采取以种植抗病品种为主、栽培防病和药剂防治为辅的综合防治措施。选育推广抗（耐）病良种，精耕细作，消灭杂草和自生麦苗，控制越夏菌源；在秋苗易发生锈病的地区，避免过早播种，减轻秋苗发病，减少越冬菌源；合理密植和适量适时追肥，避免过多过迟施用氮肥。

由于本地小麦锈病主要为外来菌源，常年病害的发生时间较晚，及时做好药剂防治很关键。做好田间监测，在病害发生初期及时用药防治。用药时间晚，病害难以控制，造成的为害大。病害发生严重情况，在第一次用药后7天左右，再次进行防治。防治小麦锈病的高效杀菌剂有戊唑醇、氟环唑、环丙唑醇、粉唑醇、醚菌酯、吡唑醚菌酯等。按照产品说明书提出的用量，使用已登记的含有这些有效成分的杀菌剂单剂或复配剂防治小麦锈病。化学药剂防治过程中要做好不同类型药剂的轮换使用，以降低或延缓抗药性的产生，确保防治效果。

64 怎样防治小麦纹枯病？

小麦纹枯病（图4-5）在我国长江流域及黄淮平原麦区分布广泛，尤以江苏、安徽、河南、山东等省发生普遍且为害严重。一般病田病株率为10%～20%，重病田块可达60%～80%，特别严重田块的枯白穗率可高达20%以上。病株于抽穗前部分茎蘖死亡，未死亡的病蘖也会因输导组织被破坏、养分和水分运输受阻而影响麦株正常生长发育，导致麦穗的穗粒数减少，籽粒灌浆不足，千粒重降低，一般减产10%～15%，严重时高达30%～40%。

小麦各生育期都可受纹枯病菌为害，造成烂芽、病苗死苗、花秆烂茎、倒伏、枯孕穗和枯白穗等多种症状。病害发生时，在叶鞘上开始出现中间灰白、边缘褐色的病斑。返青拔节后，叶鞘上产生中部灰白色、边缘浅褐色的云纹状病斑。条件适宜时，病斑向上扩展，并向内扩展到小麦的茎秆，在茎秆上出现尖眼斑或云纹状病斑。田间湿度大时，叶鞘及茎秆上可见蛛丝状白色菌丝，以及由菌丝纠缠形成的黄褐色的菌核。由于茎部坏死，后期极易造成倒伏，发病严重的主茎和大分蘖常抽不出穗，形成"枯孕穗"，有的虽能够抽穗，但结实减少，籽粒秕瘦，形成"枯白穗"。枯白穗在小麦灌浆乳熟期最为明显，发病严重时田间出现成片的枯死。

图4-5 成株期小麦纹枯病症状

小麦纹枯病的病原菌主要是禾谷丝核菌。纹枯病的初侵染源主要来自土壤中的菌核或病残体。自小麦出苗始，病菌菌丝即可侵染根或与土壤接触的芽鞘或叶鞘。在冬麦区，小麦纹枯病的发生发展大致可分为冬前发生期、越冬稳定期、返青上升期、拔节盛发期和枯白穗显症期5个阶段。冬前病害零星发生，播种早的田块会有较明显的侵染高峰。

影响小麦纹枯病发生流行的因素包括品种抗性、气候因素、耕作制度及栽培技术等。生产上目前推广的小麦品种绝大多数易感和中感纹枯病，但品种间抗、耐病性有明显差异。气候因素影响发病严重程度，苗期气温高、降雨量大，有利于病菌侵染；越冬期遇低温使麦苗受冻，可加重病情；春季气温回升快、降水多，则有利于病菌扩展蔓延。3—5月的降水量与温度是决定当年病害流行程度的关键因素。土壤类型中，一般沙土地区小麦纹枯病发生重于黏土地区。耕作栽培措施中，早播及播种量过多有利于纹枯病发生；免（少）耕田的小麦纹枯病的发生重于常规耕翻田，稻茬麦田的病情重于旱茬麦田；氮肥用量增加能加重纹枯病危害；麦田杂草多也是重要的发病诱因。

针对小麦纹枯病，目前主要采用以农业防治为基础、种子处理为重点、早春药剂防治为辅助的综合防治技术。

（1）**农业防治措施。** 选种抗耐病品种；适期精量播种，防止冬前生长量大、侵染早；加强肥水管理，沟系配套，排灌通畅，平衡施肥，不偏施氮肥，控制群体数量；搞好麦田除草工作。

（2）**化学防治措施。** 一是药剂拌种，可选用的药剂用戊唑醇、苯醚甲环唑等的悬浮种衣剂，严格按照产品说明书的用量进行小麦种子拌种处理，以杜绝三唑类等过量种子处理对小麦出苗的不利影响。在淮北等地下害虫发生严重地区，可选用含以上杀菌剂和杀虫剂的种子处理剂产品如戊唑·吡虫啉、苯甲·吡虫啉等。二是药剂喷雾，小麦拔节初期，当病株率达10%时开始第一次防治，以后（间隔7～10天）根据病情决定是否需要再次防治。防治药剂主要有井冈霉素、己唑醇、戊唑醇和噻呋酰胺等单剂及其复配剂。纹枯病严重田块，在拔节期要采取"大剂量、大水量、提前泼浇或对水粗喷雾"方法，确保药液淋到根、茎基等发病部位，切实提高防治效果。

65 怎样防治小麦黄花叶病？

小麦黄花叶病（图4-6）主要分布于我国四川、陕西、江苏、浙江、湖北、河南等省。近年来，该病在河南、陕西等地不断扩大蔓延，成为不少麦区的新问题。

图4-6 小麦黄花叶病田间症状

（1）**症状**。该病在冬小麦上发生严重，染病后冬前不表现症状，到春季小麦返青期才出现症状，染病株在小麦4～6叶后的新叶上产生褪绿条纹，少数心叶扭曲畸形，以后褪绿条纹增加并扩散。病斑联合成长短不等、宽窄不一的不规则条斑，形似梭状，老病叶渐变黄、枯死。病株分蘖少，萎缩，根系发育不良，重病株明显矮化。

（2）**病原**。为小麦黄花叶病毒，其自然传播介体为禾谷多黏菌。禾谷多黏菌是禾谷类植物根部表皮细胞内的一种严格寄生菌，病毒在其休眠孢子囊内越夏，秋播后随孢子囊萌发传至游动孢子，当游动孢子侵入小麦根部表皮细胞时，病毒即进入小麦体内。多黏菌在小麦根部细胞内可发育成变形体并产生游动孢子进行再侵染。土壤中的休眠孢子囊可随耕作、流水等方式扩大为害范围。春季多雨低温、地势低洼、重茬连作、土质沙壤、播种偏早等条件均会使病情加重。

（3）**防治**。应选用抗病品种，宁麦、镇麦系列的一些品种对黄花叶病具有较好抗性。与非禾本科作物轮作，减少田块中的病毒量。适当迟播，避开病毒侵染的最适时期，减轻病情。发病初期及时追施速效氮肥和磷肥，促进植株生长，减少为害和损失。麦收后应尽可能清除病残体，避免通过病残和耕作措施传播蔓延。

66 怎样防治小麦蚜虫？

蚜虫（图4-7）属于半翅目蚜科，俗称腻虫，是我国小麦的主要害虫之一，种类包括麦长管蚜、禾谷缢管蚜、麦二叉蚜等，但以麦长管蚜和麦二叉蚜发生数量最多，为害最重。

蚜虫以成虫和若虫刺吸麦株茎、叶和嫩穗的汁液，被害处呈浅黄色斑点，严重时叶片发黄。苗期时群集于叶背、叶鞘及心叶处为害，轻者叶色发黄、生长停滞、分蘖减少，重者麦株枯萎死亡；拔节抽穗期集中在茎、叶和穗部为害，排泄蜜露，影响光合作用；灌浆乳熟期是为害高峰期，籽粒干瘪，千粒重下降，严重减产；乳熟期后蚜虫数量急剧下降，不再为害。另外，麦蚜还可传播多种小麦病毒病，以小麦黄矮病为害最大。

图 4-7　小麦蚜虫

小麦蚜虫每年发生 20 ~ 30 代，属于迁飞性害虫，在北纬 33° 以南地区越冬，春季从南方迁飞到北方危害。小麦返青至乳熟初期，麦长管蚜种群数量最大，占田间总蚜量的 95% 以上，随植株生长向上部叶片扩散为害，最喜在嫩穗上吸食，故也称"穗蚜"。

麦长管蚜生长和为害的最适气温为 16 ~ 25℃，禾谷缢管蚜在 30℃ 左右发育最快。在防治上宜以农艺措施结合生物与化学防治。

（1）农业防治。 加强栽培管理，清除田间杂草与自生麦苗，实行冬麦与大蒜、豆科作物间作，冬麦适当晚播，春麦适时早播。因地制宜种植抗虫品种，注意品种的合理布局和轮换种植。

（2）生物防治。 在麦田周围种植三叶草和黑麦草条带，吸引蚜茧蜂等天敌，提供其繁殖发育的场所，改善繁衍环境与条件，尽量减少化学防治面积和施药量、施药次数，发挥天敌的控制作用，当益害比大于 1：120 时，天敌控制麦蚜效果较好，不必进行化学防治。

（3）化学防治。 用吡虫啉、噻虫嗪种子处理悬浮剂对小麦种子进行拌种处理可控制前期蚜虫的发生量；在蚜虫发生期选用吡虫啉、噻虫嗪、高效氯氟氰菊酯、联苯菊酯、噻虫胺、吡蚜酮等药剂喷雾处理。注意轮换交替使用。

67 　怎样防治小麦红蜘蛛？

小麦红蜘蛛（图 4-8）又称麦螨、麦红蜘蛛，为害小麦的主要为麦圆蜘蛛、麦长腿蜘蛛。小麦红蜘蛛吸取麦株汁液，被害麦叶先呈白斑，后变黄，轻

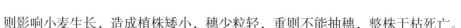

则影响小麦生长，造成植株矮小，穗少粒轻，重则不能抽穗，整株干枯死亡。

图 4-8　小麦红蜘蛛

小麦红蜘蛛一年发生 1 ～ 4 代。麦圆蜘蛛主要发生在江淮流域的水浇地和低洼麦地；麦长腿蜘蛛主要分布于长城以南黄河以北的旱地和山区麦地。在江苏多为两种麦螨混发。

（1）**农业防治**。利用灌水灭虫。在麦蜘蛛潜伏期灌水，可使螨体被泥水黏于地表而死。灌水前先扫动麦株，使麦蜘蛛假死落地，随即放水，收效更好。麦收后浅耕灭茬，秋收后及早深耕，因地制宜进行轮作倒茬，可有效消灭越夏卵及成虫，减少虫源。施足底肥，保证苗齐苗壮，增加磷、钾肥的施入量，保证后期不脱肥，增强小麦自身抗虫能力。及时进行田间除草，以有效减轻为害。一般不干旱、杂草少、小麦长势良好的麦田，小麦蜘蛛发生轻。

（2）**化学防治**。可选用阿维菌素、联苯菊酯、联苯菊酯·三唑磷等药剂喷雾防治，注意轮换交替使用。

68　怎样防治小麦黏虫？

小麦黏虫（图 4-9）又称麦蚕等，可为害小麦、玉米和水稻等禾本科作物，也可为害豆类、棉花、蔬菜等作物。低龄幼虫咬食叶片呈孔洞状，3 龄后咬食叶片呈缺刻状，或吃光心叶，形成"无心苗"；5 ～ 6 龄达暴食期，能将幼苗地上部全部吃光，或将整株叶片吃掉只剩叶脉，再成群转移到附近的田块为害，造成严重减产，甚至绝收。

图4-9 小麦黏虫

小麦黏虫一年发生2～8代，为迁飞性害虫，每年有规律地进行南北往返远距离迁飞。长江以南地区以幼虫和蛹在稻桩、杂草、麦田表土下等处越冬，竖年春天羽化，迁飞至北方为害。成虫有趋光性和趋化性。幼虫畏光，白天潜伏在心叶或土缝中，傍晚爬到植株上为害，幼虫常成群迁移到附近地块为害。成虫羽化后需要补充营养才能正常产卵，喜欢将卵产在叶尖及枯黄的叶片上，而且会分泌胶状物质将卵裹住。幼虫老熟后转移到植株根部做土茧化蛹。

防治上以农业防治与化学及生物防治相结合。

（1）农业防治。在越冬区，结合种植业结构调整，合理调整作物布局，减少小麦的种植面积，铲除杂草，压低越冬虫量，减少越冬虫源。合理密植、加强肥水管理、控制田间小气候等。

（2）化学及生物防治。可选用S-氰戊菊酯、高效氯氟氰菊酯、阿维菌素、乙酰甲胺磷等药剂喷雾防治、注意轮换交替使用。也可在黏虫卵孵化盛期喷施苏云金杆菌（Bt）制剂，注意临近桑园的田块不能使用，低龄幼虫可用灭幼脲灭杀。

69 怎样防治小麦吸浆虫?

我国小麦吸浆虫（图4-10）主要为麦红吸浆虫，在冬小麦主产区黄淮和华北麦区发生，东部平原以河南、安徽、山东、河北、天津、北京最为严重。

吸浆虫以幼虫潜伏在颖壳内吸食正在灌浆的小麦汁液，造成秕粒、空壳或霉烂而减产，具有很大的危害性，一般减产10%～20%，重者减产30%～50%，甚至颗粒无收。

图4-10　小麦吸浆虫成虫

　　小麦吸浆虫一般每年发生1代，以老熟幼虫结圆茧在土中越冬。次春当小麦返青、起身时，幼虫即自茧内爬出并到表土层准备化蛹，至小麦孕穗时则开始结茧化蛹。若湿度偏低、温度较高，幼虫多不结茧而直接在土中化成裸蛹。蛹期一般有8～10天，至抽穗时（我国自南向北在4月中下旬至5月初）即羽化为成虫。麦吸浆虫的幼虫耐低温，耐湿怕干，越冬的死亡率相对较低，小麦扬花前后雨水多、湿度大有利于吸浆虫发生。雨水量或土壤湿度是影响发生数量的主导因素。如果4月中下旬的降水量充沛则发生猖獗。旱作、小麦连作和小麦与大豆轮作的麦田受害重，水旱轮作的地区受害轻。

　　防治吸浆虫的最佳时期为蛹期和成虫期。

　　在蛹盛期（小麦孕穗至穗"露脸"）撒毒土防治，每亩可用3%甲基异柳磷颗粒剂或3%辛硫磷颗粒剂等2～3千克，拌细土20～25千克，于露水干后均匀撒施，及时用扫帚或其他工具将架在麦株上的毒土抖落到土壤表面，施药后灌水或抢在雨前施药效果更好。蛹期防治可以有效地压低虫口密度，要进行统防统治和结合麦穗药剂保护，以防止羽化为成虫。

　　抽穗期是喷药防治小麦吸浆虫的关键时期，这个时期时间短，必须抓住时机进行喷药，阻止或杀死飞来成虫，或杀死其产在穗上的卵。若进入扬花期才喷药，因抽穗时穗上的卵已经孵化成幼虫钻入小穗中，很难被杀死。具体用药方法是在小麦抽穗70%时进行喷药，每亩可选用48%毒死蜱乳油、10%吡虫啉可湿性粉剂、4.5%高效氯氰菊酯乳油等1500～2000倍液喷雾。喷雾于9∶00前或17∶00后进行，在虫口密度大的田块，经2～3天抽齐穗时再喷药1次。

 怎样防治小麦根腐病和茎基腐病?

　　小麦根腐病的病原菌主要是根腐平脐蠕孢，可为害小麦幼苗、成株的根、茎、叶、穗和种子。小麦根腐病分布在我国各地，其中东北、西北春麦区发生重，黄淮海冬麦区发生也较为普遍。在干旱半干旱地区，该病多表现茎基腐、根腐症状。多湿地区除以上症状外，还引起叶斑、茎枯、穗颈枯。在湿度较大时，病斑上产生黑色霉层。

　　小麦茎基腐病（图4-11）的病原菌主要是假禾谷镰刀菌、禾谷镰刀菌和和亚洲镰刀菌。小麦受病菌侵染后主要表现为茎基部褐变，一般植株茎基部的1～2茎节变为褐色，潮湿条件下，茎节处可见到红色霉层（与根腐病导致的黑色霉层相区别），严重时植株枯死，并出现白穗现象，白穗植株籽粒秕瘦甚至无籽。小麦茎基腐病在我国发病范围广泛，河南、河北、山东、安徽、江苏、湖北等麦区都有发病。

图4-11　小麦茎基腐病症状

　　根腐病防治措施：一是选用适合当地栽培的抗根腐病的品种，种植不带黑胚的种子；麦收后及时耕翻灭茬，使病残组织当年腐烂，以减少翌年初侵染源；进行轮作换茬，适时早播、浅播，土壤过湿的要散墒后播种，土壤过干则应采取镇压保墒等农业措施减轻受害。二是选用咯菌腈、苯醚甲环唑等进行种子处理。三是发病初期喷药防治，可使用的药剂有丙环唑等。

茎基腐病防治措施：一是选用适合当地栽培的抗、耐病品种，加强水肥管理，及时清除病残体。二是采用咯菌腈、戊唑醇等种衣剂拌种。三是在小麦返青期至拔节期进行喷药防治，可选用的杀菌剂有戊唑醇、氰烯菌酯或多菌灵等。药液要喷在小麦茎基部，病害发生严重田块，可增加用药次数。

71 怎样防治小麦全蚀病？

小麦全蚀病（图4-12）又称黑脚病，其病原菌是禾顶囊壳小麦变种真菌。小麦受病菌侵染仅限于根部及茎基部，其症状主要表现为分蘖期病株矮小，基部黄叶多，冲洗麦根可见种子根与地下茎变成黑色。拔节期病株返青迟缓，黄叶多，后期重病植株矮化，叶片稀疏，自下向上变黄，种子根和次生根大部变黑。抽穗灌浆期病株成簇、成点片发生，出现枯白穗，在潮湿麦田中，茎基部表面布满条点状黑斑，形成"黑脚"。小麦全蚀病分布广泛，我国西北、华北及华东麦区都有发生。

图 4-12　小麦全蚀病根部症状

小麦全蚀病的防治应以农业措施为主，药剂防治相结合的措施。控制和避免从病区大量引种，严防种子间挟带病残体传病；定期轮作倒茬，病地每2～3年停种一年小麦，改种非寄主作物，控制病害发生；旱改水可以有效抑制病害的发生。配合增施有机肥和磷、钾肥，减轻病害的发生。

药剂防治种子处理是防治病害的重要措施，可选用的杀菌剂有硅噻菌胺

（全蚀净）、咯菌腈、苯醚甲环唑和戊唑醇等。在拌种基础上，在返青拔节期将三唑酮等顺麦垄淋浇于小麦基部进行灌根对控制全蚀病也有一定效果。

怎样防除小麦田杂草?

小麦田杂草主要分为禾本科杂草和阔叶类杂草。稻茬小麦田常见禾本科杂草有菵草（图4-13）、日本看麦娘、看麦娘（图4-14）、早熟禾、硬草、棒头草等，杂草种类多、数量大、出苗时间长。

图 4-13 小麦田菵草危害

图 4-14 小麦田看麦娘危害

生产中常在杂草2～3叶期以后选用乙酰乳酸合酶抑制剂型（如磺酰脲类

的甲基二磺隆等）或乙酰辅酶A羧化酶抑制剂型（如芳氧苯氧丙酸酯类的精噁唑禾草灵、炔草酯等）除草剂茎叶喷施防除禾本科杂草，存在施药时期晚、除草剂用量大、药害风险高等问题，且长期连续使用单一作用类型的除草剂可导致禾本科对乙酰乳酸合酶抑制型或乙酰辅酶A羧化酶抑制型除草剂抗性明显增强，为小麦田禾本科杂草防除提出了新的挑战。

建议采用"冬前适期选用封杀结合除草剂品种化学除草为主、早春茎叶处理除草剂视草情补治"的策略防治小麦田禾本科杂草。在小麦播后窨水压田，培育小麦壮苗，加强小麦竞争优势的同时，于小麦播后苗前或苗后早期（小麦2叶期前）选用47%异丙隆·丙草胺·氯吡嘧磺隆可湿性粉剂或33%氟噻草胺·呋草酮·吡氟酰草胺油悬浮剂等兼具封闭和苗后早期处理效果的除草剂品种，对水30升/亩，均匀细喷雾降低禾本科杂草及部分阔叶杂草基数。早春小麦拔节前，视草情和天气状况选用含有异丙隆、唑啉草酯、甲基二磺隆、啶磺草胺等除草剂的产品补治禾本科杂草。

化学除禾本科杂草时应注意： 一是水稻秸秆全量还田的小麦田，精耕细作，且在小麦播后窨水压田，利于培育壮苗、增强小麦的竞争优势、提高除草剂效果。二是小麦田化学除禾本科杂草的常见除草剂品种如异丙隆、甲基二磺隆、唑啉草酯等除草剂品种药后突遇寒流易出现药害，化学除草时应避开寒流前后一周内用药。三是同一地区的不同种禾本科杂草对常用除草剂的敏感性不同，且不同地区的同种禾本科杂草对常用除草剂敏感性也可能不同，应根据当地常年用药历史状况，针对性选择合适的除草剂配方防治禾本科杂草。

稻茬小麦田常见阔叶类杂草有猪殃殃（图4-15）、荠菜、繁缕（图4-16）、大巢菜、牛繁缕等，常用苯磺隆、苄嘧磺隆、氯氟吡氧乙酸等除草剂茎叶喷雾化除。其中，磺酰脲类除草剂苯磺隆自20世纪90年代上市以来，一直是小麦田防除阔叶类杂草的主导除草剂品种，长期连续使用已导致猪殃殃、荠菜、繁缕等阔叶杂草产生了高水平的抗药性，而抗苯磺隆的多种杂草对相同作用机理的乙酰乳酸合酶抑制剂型除草剂如苄嘧磺隆等除草剂具有一定的交互抗性，增加了小麦田阔叶杂草化除难度。目前，激素型除草剂氯氟吡氧乙酸、氯氟吡啶酯和2,4-滴二甲胺盐等可有效防除多种麦田阔叶杂草，且尚未大面积发现抗激素型除草剂的麦田阔叶杂草，仍可大面积推广使用。但由于激素型除草剂可影响小麦孕穗，生产中多在小麦返青至拔节前使用，存在使用时期晚，杂草已严重影响小麦前期生长，且药剂用量大，环境风险高等问题。

图 4-15 小麦田猪殃殃危害

图 4-16 小麦田繁缕危害

建议采用"冬前适期封杀化除为主、早春视草情补治"的策略防治小麦田阔叶类杂草。在小麦播后苗前或苗后早期（小麦 2 叶期前）可选用含异丙隆或吡氟酰草胺等兼具封闭和苗后早期茎叶处理效果的除草剂单剂或复配剂，如47%异丙隆·丙草胺·氯吡嘧磺隆可湿性粉剂（对抗苯磺隆的猪殃殃基本无效）、60%吡氟酰草胺·异丙隆可湿性粉剂或33%氟噻草胺·吡氟酰草胺·呋草酮悬浮剂等品种，对水30升/亩，均匀细喷雾降低杂草基数。早春小麦拔节前，视草情和天气状况选用含有氟吡氧乙酸、氯氟吡啶酯或2，4-滴二甲胺盐等除草剂的产品补治阔叶杂草。

化除阔叶类杂草时应注意：一是同一地区的不同种阔叶类杂草对常用除草剂的敏感性不同，且不同地区的同种阔叶类杂草对常用除草剂敏感性也可能不同，应根据当地常年用药历史状况，针对性选择合适的除草剂配方防治阔叶类杂草。二是小麦进入拔节期后，使用氟吡氧乙酸、氯氟吡啶酯或2，4-滴二甲胺盐等激素型除草剂可能导致小麦幼穗畸形，严重影响小麦产量，且激素型除草剂活性高、漂移性强，施药时应注意避免漂移到阔叶类作物。

化学除草应注意下列问题：一是麦田精耕细作利于培育小麦壮苗、杂草生长一致，提升化除效果。二是化学除草应防早、除小。杂草适期早除可以减短杂草与作物的共生期，降低杂草对作物生长的影响，且杂草叶龄小、敏感性高，适当的药量就可以取得理想的防效，可避免中后期化除的药剂用量大、药害风险高、抗性蔓延快速等问题，利于杂草的可持续治理。三是不同的小麦品种对同一除草剂的敏感性可能不同，引进新的小麦品种或除草剂品种时应先小面积试验后再逐步推广应用。四是不同种类的杂草对同一除草剂的敏感性不同，且不同地区的同种杂草对同一除草剂的敏感性也可能不同，化除杂草时应根据当地杂草草相、常年用药历史情况针对性选择合适化除配方。五是生产中常将两种及以上除草剂品种混用一次施药兼顾防除禾本科和阔叶类杂草。不同除草剂品种混用的杂草防效和安全性可能有所不同，不可盲目混用。六是部分除草剂品种突遇低温、寒流易出现药害。化学除草尽量选取对作物安全风险低的除草剂品种，如选用安全性风险高的除草剂应避开寒流前后一周内用药。七是阔叶作物对激素型除草剂高度敏感，喷施激素型除草剂时应选择晴朗微风或无风天气，避免药液漂移，且喷施后充分清洗喷雾设备。八是施药时，充足的用水量利于杂草充分接触吸收化学除草剂，提高药效。小麦田化学除草时亩用水量30升为宜，如遇杂草密度过高时可适当增加用水量以保证杂草充分接触药液。九是化学除草施药时，建议选用自走式喷雾机机械喷雾或电动喷雾器人工喷雾，做到喷雾均匀，不漏喷、重喷，不建议使用担架式喷雾机或植保无人机施药。

(73) 怎样防御和补救小麦冻害和冷害？

小麦冷害是指在温暖季节气温在10℃以上但仍低于小麦生育期中某一阶段的下限温度而使小麦生理机能发生障碍而致减产的为害。如小麦幼穗分化、孕穗到抽穗扬花期等温度敏感期遭受低温冷害，发生生长停滞、旗叶叶尖干枯、叶片发黄、抽穗后的空颖或部分白穗等现象。主要机理在于构成细胞膜的脂质由液相转变为固相，即膜脂变相，引起与膜相结合的酶失活。

　　小麦冻害是指0℃以下低温使小麦内部组织细胞脱水结冰而受害。冻害较轻的植株叶片发黄干枯，主茎及大分蘖的幼穗受冻后，仍能正常抽穗和结实，但穗粒数明显减少；冻害较重时主茎、大分蘖幼穗及心叶冻死，其余部分仍能生长；冻害严重的麦田小麦叶片、叶尖呈水烫一样地硬脆，后青枯或青枯成蓝绿色，茎秆、幼穗皱缩死亡（图4-17）。冻害主要是低温形成的冰晶对细胞的伤害，细胞内结冰则对细胞膜、细胞器乃至整个细胞产生破坏作用，从而给植物带来致命损伤。当气温突然下降到0℃以下时，植物细胞间隙的水首先结冰形成冰晶，细胞间溶液浓度增高，细胞内未结冰的水向细胞间隙运动，造成细胞内失水，细胞膨压下降，质壁分离，原生质失水而凝固失活。当气温继续下降时，细胞内结冰，在细胞内外冰晶的机械挤压下，细胞壁和原生质遭到破坏，细胞死亡，即形成冻害。此外，冻害还使细胞膜上的蛋白质发生变性或改变膜中蛋白和膜脂的排列，ATP酶活性降低或失活，引起代谢失调。

图4-17　小麦受冻表现

　　小麦冻害程度主要取决于降温强度、低温持续时间和低温来临的时间。降温强度越大，持续时间越长，冻害越重。初冬低温来临越早，春季低温来临越晚，冻害越重。除降温这个主导因素外，其他因素对冻害的影响也很大，弱苗与旺长苗易受冻害，其他如土壤肥力低，整地质量差，土壤缺墒的麦田，如遇突发性强降温天气，也极易造成冻害。

　　建立以基础防御为主，冷冻害后及时补救的综合防御机制，才能使损失降低到最低程度。坚持选用抗寒耐冻品种，适期高质量播种，培育冬前壮苗是预防冷冻害的关键。剧烈降温来临前，进行麦田灌水提墒、喷施植物生长调节剂可有效降低冷冻害对小麦的影响。灾害发生后及时补充速效肥料、喷施植物生长调节剂等对缓解冻害、修复损伤、恢复生长、促进中小分蘖成穗等有较好的效果，以弥补灾害带来的损失。

扬州大学农学院研究提出根据冻害级别采取相应补救措施，群体茎蘖不同比例茎鞘受冻或幼穗冻死率达Ⅱ级（10%）时，补施尿素3～4千克/亩；Ⅲ级（10%～30%），补施尿素6～7千克/亩；Ⅳ级（50%～70%），补施尿素8～10千克/亩；Ⅴ级（>70%），补施尿素13～15千克/亩。

74 怎样预防干热风和高温逼熟?

小麦干热风指小麦在扬花灌浆期间出现高温、低湿并伴有一定风力的灾害性天气。小麦干热风发生时，植株蒸腾加剧，根系吸水不及，体内水分平衡失调，叶片光合作用降低，同时高温又使植株体内物质输送受到破坏及原生蛋白质分解，往往导致小麦灌浆不足，秕粒严重甚至枯萎死亡，小麦显著减产。

小麦干热风主要分为高温低湿型、雨后青枯型和旱风型。

（1）高温低湿型。在小麦扬花灌浆过程中都可发生，一般发生在小麦开花后20天左右至蜡熟期。发生时气温突升，空气相对湿度骤降，并伴有较大的风速。发生日最高气温可达30℃以上，14：00空气相对湿度可降至30%以下、风速在3米/秒以上。小麦受害症状为干尖炸芒，呈灰白色或青灰色。造成小麦大面积干枯逼熟死亡，产量显著下降。

（2）雨后青枯型。又称雨后热枯型或雨后枯熟型。一般发生在乳熟后期，即小麦成熟前10天左右。主要特征是雨后急晴，气温骤升，空气相对湿度剧降。一般雨后日最高气温升至27℃以上，14：00空气相对湿度40%左右，即能引起小麦青枯死亡。雨后气温回升越快，气温越高，青枯发生越早，危害越重。

（3）旱风型。又称热风型。一般发生在小麦扬花灌浆期间。主要特征是风速大、空气相对湿度低，与一定的高温配合。发生日14：00风速在14米/秒以上、空气相对湿度在30%以下，日最高气温在25℃以上。旱风型干热风对小麦的为害除了与高温低湿型相同外，还加剧了大气的干燥程度，加剧了农田蒸散，致使叶片卷缩或叶片撕裂。

小麦干热风的预防措施：建立农田防护林网，减弱风速、降低温度、提高相对湿度、减少地面水分蒸发、提高土壤含水量。加强农田基本建设，改良和培肥土壤，提高麦田保水和供水能力。选用早熟、丰产、耐干热风、抗逆性强的品种，适时播种，避免晚播，重视拔节孕穗期肥水。后期喷施0.2%～0.4%磷酸二氢钾，一周一次，连续2～3次。

小麦高温逼熟是指在小麦灌浆成熟阶段，遇到高温低湿或高温高湿天气，特别是大雨骤晴后高温，使小麦植株提早死亡，籽粒提前成熟，粒重下降，产量降低。小麦灌浆的适宜温度为20～23℃，高于23℃即不利于灌浆，超过28℃则基本停止灌浆，如果灌浆时遇到27℃以上高温，再受湿害就会形成高温逼熟，导致小麦叶片气孔关闭，叶片干枯，光合作用受抑制，同时根系发生早衰，吸水吸肥能力减弱，造成小麦千粒重下降而减产。

根据气温和相对湿度高低可将高温逼熟分为高温低湿、高温高湿两种。

（1）**高温低湿**。发生在小麦灌浆阶段，如连续2天或2天以上出现高于27℃的高温，3～4级及以上的偏南或西南风，下午空气相对湿度在40%以下时，小麦叶片即出现萎蔫或卷曲，茎秆变成灰绿色或灰白色，小麦灌浆受阻，麦穗失水变成灰白色，千粒重下降。

（2）**高温高湿**。发生在小麦灌浆阶段，连续降水或一次降水较多，使土壤水分达到饱和或过饱和，造成土壤透气性差，氧气不足，此时植株根系活力衰退，吸收能力减弱，而紧接着又是高温暴晒，叶面蒸腾强烈，水分供应不足，植株体内水分收支失衡，很快脱水死亡。麦株受害后，茎叶出现青灰色、麦芒灰白色、干枯，籽粒秕、粒重低，产量和品质下降。

75 什么是小麦干旱？

小麦干旱是指由于土壤干旱或大气干旱，小麦根系从土壤中吸收到的水分难以补偿蒸腾的消耗，使植株体内水分收支平衡失调，使小麦正常生长发育受到严重影响乃至死亡，并最终导致减产和品质降低（图4-18）。

（1）**大气干旱**。指小麦生长发育期间，在温度高、相对湿度低的天气条件下，小麦植株蒸腾速率远大于根系对水分的吸收，使植株体内水分平衡被破坏，发生枯萎而受害。

（2）**土壤干旱**。指土壤水分不能满足作物需要的一种干旱现象。小麦土壤干旱的发生主要是在长期无雨水或少雨水，又无灌溉水分补充的情况下，麦田土壤含水量少，土壤颗粒对水分的吸力加大，小麦根系难以从土壤中吸收到足够的水分来补偿蒸腾的消耗，造成植株体内水分收支失去平衡，从而影响其生理活动的正常进行，小麦生长受到抑制，甚至枯死。

图 4-18　小麦受旱表现

（引自网络 http://www.yidianzixun.com/article/OUFd4i1U?s=yunos&appid=s3rd_yunos）

大气干旱以空气干燥、相对湿度低、高温为特征，土壤干旱则以土壤缺水为特点。大气干旱往往是土壤干旱的先兆。在大气高温、低湿情况下，土壤水分的蒸发加剧，当土壤水分得不到及时补充，就会导致土壤干旱。大气干旱与土壤干旱都是长期无雨水或少雨水造成的，通常情况下土壤干旱和大气干旱是相伴而生的。

干旱是我国麦区，尤其是北方冬麦区的一种主要农业自然灾害。干旱在小麦三个时期影响最大。

（1）**播种期**。小麦播种时，如果土壤干旱，影响适时播种和出苗，并影响分蘖和培育壮苗。

（2）**拔节—抽穗期**。此期是小麦水分敏感期，如果水分不足则导致小花退化引起穗粒数显著下降。

（3）**灌浆期至成熟期**。此期是小麦需水量最大期，缺水将影响体内营养物质的形成和输送，导致千粒重下降，使产量、品质大为降低。

小麦干旱灾害致灾等级指标见表4-1。

表 4-1　小麦干旱灾害致灾等级指标（自然水分亏缺率）

单位：%

致灾时段	轻旱	中旱	重旱	严重干旱
全生育期	< 15	15 ～ 30	30 ～ 50	> 50
拔节期	< 15	15 ～ 45	45 ～ 70	> 70
灌浆期	< 20	20 ～ 35	35 ～ 45	> 45
减产率	< 10	10 ～ 20	20 ～ 30	> 30

76　怎样防御小麦渍害？

　　小麦渍害是指因连续阴雨造成土壤水分饱和，或因一次性降水量较大，导致地下水位上升，抬高浅水层，造成作物根系活动层中土壤含水量过大，引起肥、水、气不协调，使根系生理功能下降甚至丧失的现象。

　　长期渍水首先引起根部氧气不足，植株有氧呼吸受到抑制，无氧呼吸加强，二氧化碳增多，大量乙醇、乙醛和丙酮酸等有毒物质累积，植株正常生长发育受到影响，削弱植株光合产物的积累。其次，无氧呼吸增强还会消耗植株体内大量贮存物质，导致植株饥饿，轻则生长不良、产量降低，重则直接死亡。同时，土壤溶液中矿质养分的沉淀、溶解、氧化和还原都会受到影响，各类酶活性改变、有效性降低，植株对矿质养分的吸收、转化及利用等也发生不利变化。

　　小麦不同生育期的渍害表现不同。播种期易引起胀浆闷种；苗期烂种烂苗，成苗率低，叶黄，分蘖延迟，分蘖少甚至无分蘖，僵苗不发；返青期至孕穗期小麦根系发育不良，根量少、活力差，黄叶多，植株矮小，茎秆细弱，分蘖减少，小花大量退化，成穗率低；灌浆期根系早衰，引起早枯早熟、籽粒发育不良等。小麦不同生育时期发生渍害，均会造成绿叶数和叶面积指数大幅度下降，下部叶片先发生早衰，功能期缩短，然后逐渐向上扩展；前期黄叶并不立即枯死，可以持续一定的时间，中后期受渍害叶片由下及上，经过一段时间，枯黄的部分次第枯死。

　　控制地下水位和降低耕层滞水是防御小麦渍害的关键措施。丰水期预降内河水位，开挖麦田内外三沟是排除田面积水、降低浅水层（耕层滞水）、控制麦田合理地下水位的主要手段（图4-19）。逐级加深田内沟，每2 ～ 3米开挖一条竖沟，深30厘米，田块长超过100米的间隔20米加挖腰沟，沟深35厘米。田块出水端挖一条田头沟，深40厘米、宽20厘米，田头沟要与外沟相通，田内沟沟沟畅通互联。外三沟要做到隔水沟深100厘米以上，导渗沟深120厘米以上，大排沟深150厘米以上。

图 4-19 清沟理墒防渍害

（引自网络 https://www.sohu.com/a/282477210_99981013）

由于渍害造成叶片某些营养元素（主要是氮、磷、钾）亏缺，碳、氮代谢失调，从而影响小麦光合作用和干物质的积累、运输、分配，以及根系生长发育、根系活力和根群质量，最终影响小麦产量和品质。为此，在施足基肥（有机肥和磷、钾肥）的前提下，当渍害发生时应及时追施速效氮肥，以补偿氮素的缺乏，延长绿叶面积持续期，增加叶片光合速率，从而减轻渍害造成的损失。对湿害较重麦田要做到早施、巧施接力肥，重施拔节孕穗肥，以肥促苗升级。冬季多增施热性有机肥，如渣草肥、猪粪、牛粪、草木灰、人粪尿等。

77 怎样预防小麦倒伏?

小麦倒伏是指内外各种因素导致直立生长的植株偏离自然垂直方向且不能自动恢复的现象（图4-20）。倒伏后打乱了叶片在空间的正常分布，破坏了群体结构，使叶片光合效率锐减，引起减产。

作物正常直立生长依赖于其根、茎等器官组成的支持系统，如果外力在较长时间内超过支持系统所能承受的临界值，倒伏就会发生。倒伏根据其发生部位不同，可以直观地分为3种类型：根倒伏、茎倒伏和根茎复合倒伏。茎倒伏是指基部茎节的弯曲或折断，主要是在表层土壤紧实的情况下发生暴风雨引起，也可能由病虫害引发。根倒伏是直立茎秆由根茎的倾斜而产生的歪倒，在地表湿润、土壤疏松或群体生长过旺等情况下易发生。

图 4-20 小麦倒伏

影响小麦倒伏的因素很多，可分为内在因素和外界环境因素。

（1）内在因素。取决于品种自身的特性，株高、株型松散程度、根系发达程度、茎秆弹性等都影响小麦的抗倒能力。一般株高矮、株型紧凑、根系发达、茎秆弹性足的品种抗倒伏能力强。在小麦品种中，基部节间粗壮的和根部横截面积较大的品种抗倒性较强。茎秆的内部解剖特征、化学成分等也与倒伏的关系同样密切。小麦茎秆的机械组织越厚，机械组织细胞层数越多，单个维管束的横截面积越大，茎秆中木质素和纤维素含量越高等，越有利于抗倒伏。

（2）外界环境因素。包括种植密度、水肥运筹、化学调控等栽培管理措施以及天气等对小麦的抗倒性都有较大影响。作物倒伏率与种植密度呈极显著的正相关，稀植栽培可以改善作物生长后期基部的光照条件，抑制基部节间的伸长，从而增强抗倒伏能力。过量施用氮肥后，茎秆节间长而充实度差，容易发生倒伏。施适宜的外源生长调节剂有利于增强作物抗倒性，如喷施多效唑，可增加茎秆木质素积累和基部第2节间酶活性以及基部填充程度来增加抗倒伏能力，而喷施赤霉素则减少木质素积累，降低抗倒伏能力。除栽培措施外，气象、土壤、田间病虫害的发生也是影响作物倒伏的重要外在因素。风、雨、雪等不利气象条件是作物倒伏的直接诱导因素。耕作层的深浅、土壤的紧实程度等土壤状况决定农作物根系是否发育良好以及根系能否在土壤中坚实地固定，从而影响作物抗倒伏能力。耕作层太浅，根系不发达，则对地上部分支持力弱，容易倒伏，病虫害的发生会增加作物倒伏的概率。

预防倒伏的主要措施：一是选择矮秆、优质、高产、抗倒品种；二是适期播种，形成冬前壮苗；三是降低基本苗，严格控制播种量；四是播后适时镇压，以利于抑制主茎基部生长，促进分蘖和根系发育，增强茎秆抗倒伏的能力，对群体大、长势旺、有倒伏隐患的田块，应增加镇压次数和程度，拔节后禁止镇压，土壤含水量高时不宜镇压；五是科学施肥，有机肥与与无机肥结合，氮、磷、钾肥配合施用，重施拔节孕穗肥，创造合理的群体结构，使田间通风透光良好，各层叶片能保持较高的光合效率，从而提高小麦基部节间的干物质重量，增强小麦抗倒伏能力；六是应用植物生长调节剂，如多效唑、矮壮素等，促进茎壁增厚，机械组织发达，但必须注意使用时期和剂量。

78　怎样预防小麦穗发芽？

小麦穗发芽是指小麦收获前遇雨或在潮湿环境中出现籽粒在田间母体植株穗上发芽的现象（图4-21）。

图 4-21　穗发芽

（引自吴纪中）

　　我国，长江中下游、西南冬麦区和东北春麦区为收获季节易降水地区，也是穗发芽为害频繁和严重的地区，黄淮和北部冬麦区也时有发生。据统计，受穗发芽为害的麦区约占全国小麦总面积的83%。小麦穗发芽会导致小麦籽粒中相关水解酶活性迅速升高，降解籽粒中的储藏物质，使容重、出粉率和面粉降落值下降，造成小麦各种食品加工品质恶化，如面包心黏结、色泽改变以及面条的可食口感消失等，严重的穗发芽能使小麦的加工价值和种用价值丧失。

　　小麦穗发芽是一个复杂的过程，影响因素比较多，主要包括穗部和籽粒性状、籽粒休眠特性、α-淀粉酶活性、生长调节物质、环境因素等，而且往往多个因素交织在一起。一般红粒小麦比白粒小麦具有更强的穗发芽抗性，籽粒休眠期越长，穗发芽抗性越强。小麦穗发芽首先要分解籽粒内部的储藏物质提供能量，在这一过程中起关键作用的是α-淀粉酶。α-淀粉酶活性低的品种抗穗发芽能力强，反之易穗发芽。小麦收获前穗发芽是种子发育生理过程与环境条件共同作用的结果，不仅由品种自身因素如穗部及籽粒性状、休眠性及激素等控制，而且明显受环境因素如温度、降水、光照和土壤等影响。在众多环境影响因素中，温度和水分是影响穗发芽的主要因素。小麦休眠需要适当的温度，26℃以上的高温使籽粒休眠程度降低或丧失，而15℃以下的低温会使休眠程度加深。小麦在20℃时发芽率最高，温度继续升高，发芽率降低，至40℃时则不能萌发。不同成熟度的籽粒萌发所需的温度也不同，籽粒萌发所需的温度通常随着成熟度的提高而升高。水分是导致小麦穗发芽的直接外因，籽粒发芽首先从吸水开始。干燥种子中的含水量较低，原生质呈凝胶状态，代谢水平低。种子吸水后，一方面吸水膨胀使小麦种皮软化，增加了种皮的通透性，同时也使胚根易于突破种皮；另一方面水分还可以把细胞质从凝胶状态转化为溶胶状态，使代谢增强，提供小麦发芽所需的营养物质。种子含水量和吸水速率是决定穗发芽的重要因素。

　　在栽培管理方面，主要从选用抗穗发芽品种、降低田间湿度和避免作物倒伏这几方面着手。一般红皮小麦抗穗发芽能力好于白皮小麦，白皮小麦中也有抗穗发芽较好的品种可选用。此外，还应注重采取如下措施：加强田间沟系配套，以确保灌排畅通，合理运筹肥料，防止肥料施用过迟过多而造成贪青迟熟，合理密植并利用一些生化壮苗制剂降低植株高度等。

⑦⑨ 怎样进行小麦机械化植保？

小麦机械化植保通常分为两种方式：一是按照农艺要求，根据作物易发生病虫草害的时间段进行有针对性的预防作业；二是对于已经发生病虫草害问题的田块进行专门的防治。

目前小麦植保机械主要有传统的弥（喷）雾机（手摇式和电动式）和高地隙喷杆喷雾机（图4-22）、植保无人机。

图 4-22　麦田机械化植保

高地隙喷杆喷雾机是目前技术含量较高的地面施药机械，具有喷洒均匀、通过性能良好、操作简单、作业效率较高和防治效果好等优势，是麦田病虫草害防控的主要机械之一。

植保无人机作业时应在无风条件下进行，因为在飞防喷洒药剂过程中雾粒在下压风作用下能够均匀分布，如果有风的影响会出现雾粒严重分布不均匀，出现重喷漏喷情况。另外在有风条件下用药容易造成药剂雾粒飘逸，引起周围敏感作物药害，特别是植保无人机超低量喷雾雾粒细小很容易飘移，所以大风天禁止用药。作业高度1.5～2.0米，飞行速度不大于6米/秒，速度偏差应不超过0.5米/秒。

具体的植保时间和药剂类型、用量等应根据当地植保部门的要求确定。

第五章

加工篇

 怎样进行小麦干燥与仓储？

小麦干燥的方法通常有高温快速干燥、低温慢速干燥、高低温组合干燥和高温缓苏干燥。高温快速干燥可使干燥介质温度等于或高于被干燥物料所允许的温度（塔式干燥机为90℃左右，喷泉干燥机为200℃以上），特点是速度快、生产率高，但耗能多、质量不易保证。低温慢速干燥要求干燥介质温度比当时气温高5℃左右，属储粮为主、烘干为辅的批量式工艺，特点是耗能低、烘干质量好，但速度慢，适合农村小规模生产。高低温组合干燥是利用高温干燥工艺使麦粒快速升温，待水分降至17％左右，不进行通风冷却，直接送入低温干燥仓内进行干燥，特点是耗能低，又能保证质量。高温缓苏干燥是将高温干燥过的麦粒送入缓苏仓缓苏3小时以上，使其温度梯度和湿度梯度在缓苏中达到自身平衡，含水量降至15％左右进行通风冷却，若麦粒含水量在25％以上时再返回进行高温干燥，特点是设备简单、操作方便、耗能低，又能保证质量，主要在粮食系统、国有农场等大规模储藏时采用。人工干燥通常采用的干燥设备有塔式干燥机、循环式干燥机、低温通风分批式干燥机、圆桶形干燥机和流化干燥机。

小麦种子具有强吸湿性、耐热性以及后熟期长、耐储性好等特点，适于长期储藏。正常小麦籽粒呼吸作用微弱，比水稻和玉米低，在良好储藏条件下常温可储存3年以上。

小麦入库之前，要从防潮、防水、防虫、防污染的要求出发，选择仓库屋面不漏水、地坪不返潮、墙体无裂缝、门窗能密闭、符合安全储藏小麦的仓房作备仓，严禁用危房储藏小麦。在备好足够仓房的同时，进行必要的检修整理、清扫、消毒和铺垫防潮隔板等工作。

小麦入库应控制好质量，种子含水率在12%以下，容重在750克/升以上，杂质率在1.5%之内，不完善粒在6%以下，不符合以上标准的小麦要经过整晒、清理、除杂等措施使其达到上述标准，经检验合格后方可入库。

小麦可采用高温密闭方式入仓储藏，这是我国传统储藏小麦的方法。通过日晒，降低小麦含水量，在暴晒和入仓密闭过程中可起到高温低氧杀虫、抑菌的效果，对于新收获小麦也能促进其后熟作用。当氧的浓度降低到麦粒间空气浓度的2%左右时，多种害虫将被杀死，但真菌在降到约0.2%的氧气浓度时依然能够生长。由于害虫的灭绝，小麦种子含水量和带菌量的降低，呼吸强度大大减弱，可使小麦安全储藏。具体方法是选择烈日天气，将小麦薄层摊晒，当麦温达50～52℃时，保持2小时，水分降至12%以下时，将小麦聚堆入仓，趁热密闭，用隔热材料覆盖粮面。压盖物要达到平、紧、密、实，应用较多的是塑料薄膜，厚度0.18～0.2毫米的聚氯乙烯或聚乙烯薄膜均可。在封盖之前应接好测温线路，便于测量小麦堆的各部分温度变化。在隔热良好的条件下，可使小麦保持高温数日，经过2个月左右逐渐降至正常水平，转入正常管理。小麦热入仓贮藏必须注意，一是小麦的水分必须降至12%；二是小麦日晒时应做到粮热、仓热、工具热"三热"，防止麦堆外由于温度低而吸湿和结露；三是高温密闭时间为10～15天，具体视麦温而定，麦温由40℃往下降为正常，如果麦温继续上升，应及早解除封盖物并检查；四是对种用小麦，要慎用热入仓贮藏，因为长期保持高温容易使发芽率降低。

小麦也可以采用低温贮藏的方法。低温贮藏是使小麦在贮藏中保持一定的低温水平，达到安全贮藏的目的。低温贮藏有利于延长种子的寿命，更好地保持小麦的品质。温度越低，天然损失越小，也能控制害虫和微生物在麦堆中繁殖生长。水分含量为12%的小麦在4℃下贮藏16年，品质仍然良好，粗蛋白质和盐溶性蛋白的含量没有发生变化，脂肪酸含量只有少量增加，含糖量略有下降，发芽率仍高达96%。低温贮藏方法有机械制冷、机械通风、空调低温和自然低温贮藏。我国低温贮藏多以自然低温为主，利用冬季严寒进行翻仓除杂通风冷冻、降低粮温。少量的也可在夜间进行摊晾，然后趁冷归仓，密闭封盖，进行冷密闭。大型粮库可通过机械通风降低粮温，将粮温降至0℃左右，对消灭越冬害虫有较好的效果，而且可以延缓以后外界高温的影响，降低呼吸作用，减少养分的消耗。

另外需要注意的是，小麦种子容易被害虫侵染，储藏不当容易生虫。热密闭和冷密闭都是防治小麦害虫的有效方法，如措施不到位，在储藏初期可采用药剂熏蒸方法扑灭害虫，以防后患。

 ## 小麦粉生产中怎样清理籽粒？

小麦清理流程简称麦路，是原粮小麦经除杂等一系列处理，达到入磨净麦要求的整个过程。小麦中主要的杂质包括发芽和发霉或受虫害和病害的小麦、杂草种子、石子和土块等。在贮藏期由于小麦发热、发霉以及一些杀虫剂的混入，会影响面粉的质量和气味。在制粉前必须彻底清除各种杂质，保证小麦粉的质量，实现安全生产，通常包括下列清理程序。

（1）筛选。筛选是指采用一定规格筛孔的筛面，依据小麦与杂质在长度和宽度上的不同将两者进行分离的工艺过程，其主要目的是分离小麦中的大小杂质。筛选是制粉厂最常用的清理工艺，设备内配置有数层筛面，根据筛理物的性质，配备适当的筛孔，物料在筛面作相对运动，将形状大小不同的小麦与杂质分离。常用的筛选设备有初清筛、平面回转筛、平面回转振动筛、溜筛等。

（2）磁选。利用磁钢清除小麦中磁性金属杂质的工序称为磁选。磁选的主要目的是为了保护各类工艺设备，特别是对原料作用较强烈的设备如打麦机等。常用磁选设备有永久磁钢（马蹄形磁钢）、永磁筒、平板式磁选器、永磁滚筒等。

（3）风选。利用小麦与杂质悬浮速度的差别，借助气流的作用分选杂质的方法称为风选，常用于清除原料中的轻杂。按设备在风网中位置的不同，风选可分为吸式与吹式两种形式，以吸式风选较为常用。按气流对杂质作用方向的差异，风选可以分为垂直、水平或倾斜风选，以垂直风选分离效果较好。常用的风选设备包括垂直风道风选器与循环气流风选器。

（4）去石与分级。去石是利用麦粒与石子的比重和悬浮速度的不同，借助于倾斜放置的去石筛板（面）分离麦粒和石子。常用的去石设备有比重去石机及重力分级去石机。重力分级去石机可同时完成分级和去石双重作用，具有集中杂质和去除沙石的功能，并把小麦分成容重大的重质小麦和容重小的轻质小麦，经重力分级去石后重粒小麦容重可提高5～10克/升。然后将轻质小麦送入滚筒精选机，提高精选效果；重质可送入打麦机，以便打碎混在小麦中的并肩泥块。

（5）**精选**。利用小麦和杂质形状的差别，从小麦中清除杂草和其他作物籽粒（如荞子、豌豆、大麦、燕麦等）的方法称为精选。常用的精选设备有抛车、碟片精选机、滚筒精选机等。

（6）**表面清理**。经打击作用清除小麦籽粒表面粘附的尘土、微生物、虫卵等污物，特别是小麦腹沟内的泥土等，还可打掉麦毛、麦灰、麦壳，打碎并肩泥块等杂质，这个工序称为表面清理。生产高质量面粉时，还应除去部分胚、果皮，以降低入磨小麦的灰分，改善面粉的色泽。表面清理除采用干法处理外，还有采用湿法处理，即利用水的溶解和冲洗作用净化小麦表面，该类清洗设备还有去石功能，根据小麦和沙石的比重、大小、形状及在水中的沉降速度差异，分离出石子和有害粮粒。常用表面清理设备有剥皮机、打麦机、擦麦机、刷麦机、洗麦机等。生产专用粉时为保证入磨小麦的纯净度，应至少采用3道以上的表面清理设备，常用的工艺为两道打麦、一道刷麦或擦麦。

（7）**水分调节**。水分调节是利用水、热对籽粒进行处理，并经过一定的润麦时间，通过水的扩散和热传导作用，使小麦的水分重新调整，改善其物理、生化和加工性能，以便获得更好的工艺效果。小麦的水分调节包括着水和润麦，它是小麦入磨前必不可少的调质工序。小麦吸水后，皮层韧性增加，脆性降低，增加了其抗机械破坏的能力。在研磨过程中利于保持麸片完整，有利于提高小麦粉质量。胚乳强度降低，结构疏松，易研磨成粉，降低能耗。此外，麦皮、糊粉层和胚乳三者吸水先后不同，吸水量不同，吸水后膨胀系数也不同，使麦皮和胚乳间产生微量位移，利于把胚乳从麦皮上剥刮下来。同时，湿面筋的产出率随小麦水分的增加而增加，但湿面筋的品质被弱化。

82 怎样制粉？

制粉是生产专用小麦粉的最关键环节之一，合理完善的小麦制粉工艺是生产优质专用粉的基础。优质专用粉的生产需适宜的原料、先进合理的制粉工艺和能够保障工艺实施的设备条件。小麦制粉工艺一般包括研磨、筛分、清粉和粉后处理等流程。

（1）**研磨**。研磨是制粉过程中最重要的环节，其基本原理是通过对小麦的挤压、剪切、摩擦和剥刮作用，逐步破碎小麦，从皮层将胚乳逐步剥离并磨细成粉。主要设备为辊式磨粉机和撞击机，基本方法有挤压、剪切和剥刮等。

① **挤压**。挤压是通过两个相对的工作面同时对小麦籽粒施加压力，使其破碎的研磨方法。挤压力通过外部的麦皮一直传到位于中心的胚乳，麦皮与胚乳的受力是相等的，但由于小麦籽粒各个组成部分的结构强度差异很大，在受到挤压力以后，胚乳立即破碎而麦皮却仍然保持相对较完整，因此挤压研磨的效果比较好。

② **剪切**。剪切是通过两个相向运动的锋面对小麦籽粒施加剪切力，使其断裂的研磨方法。剪切比挤压更容易使小麦籽粒破碎，所以剪切研磨所消耗的能量较少。小麦籽粒最初受到剪切作用的是麦皮，随着麦皮的破裂，胚乳也逐渐暴露出来并受到剪切作用。因此，剪切作用能够同时将麦皮和胚乳破碎，从而使小麦粉中混入麸星，降低小麦粉的加工精度。

③ **剥刮**。剥刮是指在挤压和剪切力的综合作用下产生的摩擦力，通过带有特殊磨齿形状并在一定速比下，对小麦籽粒产生擦撕。剥刮的作用是在最大限度保持麸皮完整的情况下，尽可能多地刮下胚乳粒，送入心磨系统或其他系统处理。

（2）**筛分**。筛分是小麦制粉过程中极为重要的工序，磨下物料的分级、粉的取出都是通过筛分实现的。筛分与小麦粉的质量和出粉率有直接的关系。研磨后的物料首先按粒度进行分类，按同质合并的原则，分别送往相应的系统作进一步处理，同时提取出已达小麦粉细度的物料。筛分主要是按粒度分级，但兼有质量分级的作用。按照制粉工艺的要求，研磨中间产品按粒度分成4类：麸片、粗粒、粗粉和小麦粉，在复杂的工艺中，每一类还进一步按粗细度再分成2～3种。

① **各系统物料的物理特性**。

一是皮磨系统。前路皮磨系统混合物料的物理特性是容重大，颗粒大小悬殊，形状也不同，麸、渣、粉相互黏连性较差，同时混合物料的温度低，麸片上含胚乳多而硬，渣颗粒大，麸屑少，故散落性大，自动分级良好。后路皮磨由于麸片经逐道研磨，混合物料麸多粉少，渣含量极少。这种物料体积松散，流动滞缓，容重低，颗粒的大小不如前路系统差别大。同时，混合物料的质量差，麸片上含粉少而软，渣粒小，麸、渣、粉相互黏连性较强，散落性差，自动分级差，因而彼此分离就需要较长的筛理时间。

二是渣磨系统。渣磨系统的磨下物以胚乳为主体，含麦皮极少，多为粗粉和小麦粉。物料颗粒粒度范围较小，散落性中等，在筛面上筛理时，有较好的自动分级性能，渣、心、粉容易分清。

三是心磨系统。心磨系统的物料含有大量胚乳，颗粒小，粒度范围小。经每道研磨后，脆性大的胚乳被粉碎成大量的小麦粉，而小麸屑韧性强不易破碎，用光辊可挤压成片状。因此，心磨系统混合物料的散落性小，麸与粉的分离困难，特别是后路心磨更甚。

四是后路麸粉及吸风粉。用刷麸机（打麸机）将粗粒麸片上残留的胚乳刮下而得的刷麸粉，以及从通风除尘或气力输送系统的积尘器所获得的吸风粉特点是粉粒细小而黏性大，容重低而散落性差。因此，物料在筛理时，不易自动分级，粉粒易粘在筛面上，堵塞筛孔。

② **典型筛理设备**。按结构不同分为挑担平筛、双筛体平筛和高方平筛。挑担平筛有两个对称筛体，各筛体叠置12层筛格，因筛格大而笨重、筛格层数少，筛路设置受限制、不灵活、调整不方便等因素，大型小麦粉厂已较少使用。双筛体平筛体积小，筛格层数少，多用于小型制粉机组和小麦粉检查筛，目前使用最多的是高方平筛。

（3）**清粉**。经皮磨、渣磨系统研磨筛理分级后，分出的粗粒和粗粉多为从麦皮上剥刮分离出的胚乳颗粒，需进一步研磨成粉。但其中或多或少还含有一些连皮胚乳粒和细麦皮，其含量随粗粒和粗粉的提取部位、研磨物料特性及粉碎程度等因素的变化而改变。如将粗粒和粗粉直接送往心磨研磨，在胚乳颗粒被磨碎成粉的同时，必然使一些麦皮进一步破碎，从而降低小麦粉质量，尤其降低前路心磨优质小麦粉的出品率和质量。因此，生产高等级和高出粉率的小麦粉时，需将粗粒和粗粉进行精选。精选之后，分出的细麦皮送往相应的细皮磨，连皮胚乳粒送往渣磨或尾磨，胚乳颗粒送往前路心磨。制粉工艺中，精选粗粒和粗粉的工序称为清粉，所用设备为清粉机。

（4）**粉后处理**。这是小麦粉加工的最后阶段，包括小麦粉的收集与配制、散存、称量、杀虫、微量元素添加及小麦粉的修饰与营养强化等。在现代化小麦粉加工厂，小麦粉后处理是必不可少的环节。小麦粉后处理有以下目的：一是稳定小麦粉质量，可通过配粉实现；二是提高小麦粉质量，在小麦粉后处理中通过杀虫机击杀虫卵，通过筛理设备除去可能存在的大杂质；三是增加小麦粉品种，小麦粉后处理中可加入各种所需要的小麦粉添加剂，改变小麦粉的组成或改变小麦粉的理化性状，适应制作各种食品之需。

小麦粉后处理工艺流程：小麦粉检查→自动称→磁选器→杀虫机→小麦粉散存仓→配粉仓→批量称→混合机→打包仓→打包机。

小麦粉后处理通过配粉仓实现专用粉的配制，一般采用两种方式，即通常容积式配粉和重力式配粉。容积式配粉是一种简单实用的配粉方式，在配粉仓的下面，采用容积式配料器、振动卸料器或者变螺径、变螺距螺旋输送机，通过改变配料器的内腔容积或改变振动出料器的频率和螺旋输送机的转速来调节各粉流的流量，通过放置在螺旋输送机上的微量元素添加机实现微量元素的添加，物料的混合则在螺旋输送机内实现。重力式配粉是通过精确的称量设备如电子秤将所要配制的基础粉流和添加成分按照所计算的工艺配方按比例称量出来，同时送入混合机混合的配粉方式。

83 小麦制粉过程中怎样添加品质改良剂？

受品种、加工工艺等的限制，制粉中所得到的专用粉品质可能并不理想，需针对不同专用粉的品质要求，添加相应的品质改良剂，以确保专用粉的质量，并提高制粉产量。品质改良剂大体上分为增白剂、增筋剂、弱化剂、乳化剂、凝胶剂、膨松剂等。

（1）增白剂。主要有过氧化苯甲酰、偶氮甲酰胺、二氧化氯、二氧化硫、亚硫酸钠等。国内目前最常用的是过氧化苯甲酰，它是一种自由基引发剂，其增白机理：小麦粉中色素由类胡萝卜素分子和90%氧衍生物组成，其分子结构中的多个不饱和双键发色团经过氧化苯甲酰作自由基引发释放单重态氧，使类胡萝卜中不饱和双键氧化破坏发色基团，使其共轭双键断裂成共轭较少的无色化合物而增白。过氧化苯甲酰不仅可以使面粉增白，还可杀菌，并将面粉中还原型谷胱甘肽转化为氧化型，因而还有间接增筋作用，利于提高食品烘培品质。

（2）增筋剂。增筋剂一般可用溴酸钾、溴酸钙、碘酸钾、碘酸钙、过氧化钙等氧化剂，或硬脂酰乳酸钙（CSL）、硬脂酰乳酸钠（SSL）、单硬脂甘油酯（GMS）、山梨糖醇酐脂肪酸脂等乳化剂，也可用海藻酸钠、卡拉胶、羧甲基纤维钠等凝胶剂，以及脂肪氧合酶、酶活性大豆粉、脂肪酶等酶制剂。添加谷朊粉也可明显提高面粉筋力。

（3）弱化剂。主要有蛋白酶、L-半胱氨酸、亚硫酸钠等。蛋白酶主要是破坏面筋中蛋白质的肽键（CONH），使其分解为多肽和氨基酸，导致面筋网络被破坏。L-半胱氨酸的作用机理较复杂，一是可参加氧化还原反应，在没有酶存在时，（SH）键化合物系统很容易建立氧化还原平衡，使L-半胱氨酸联结到蛋白质分子上，切断（SS）键使面筋网络被破坏；二是激活面粉中木瓜蛋白酶活性，使面筋蛋白分解弱化。

（4）膨松剂。分碱性膨松剂和复合膨松剂两大类，是面包和饼干等制品的主要添加剂，其主要目的是促使面团发酵中产气，使制品膨松。碱性膨松剂广泛应用的是碳酸氢钠和碳酸氢铵。添加碳酸氢钠时，残留的Na_2CO_3呈碱性影响制品的风味；添加碳酸氢铵时，产生的氨气虽容易挥发，但有臭味，可混合使用以减弱各自不足。复合膨松剂由碳酸盐类（20%～40%）、酸性物质如柠檬酸、酒石酸（35%～50%），以及其他如淀粉三部分组成。使用时应注意其中钾明矾、烧明矾的毒性。

（5）其他添加剂。如α-淀粉酶，维生素C等。α-淀粉酶主要是使淀粉转化为糖，发酵产生CO_2，从而改变制品品质。面粉中α-淀粉酶含量越高，发酵时产气量越大，但也不可过大，否则将使淀粉损失过大，产生糊精使制品粘牙，影响口感。维生素C具有氧化还原两面性，在面粉中一般认为在一个复杂体系的催化作用下，自身转化具有氧化性的脱氧L-抗坏血酸。该物质对面粉中的硫氢基团产生氧化作用，形成双硫键改良面筋。实践中可与溴酸钾配合使用，对面包粉的面筋改良，很有经济价值。

84 小麦制粉中怎样添加营养强化剂？

随着人们生活水平的提高，人们的饮食结构发生了很大的变化，往往在食用充足的营养成分丰富的食品、摄取了大量热量和蛋白质后，却导致人体必须的一些微量元素和维生素缺乏，如维生素A、维生素B_1、维生素B_2，以及铁、钙、硒、锌、叶酸、烟酸等。解决这个问题的重要途径是进行营养强化，包括生物营养强化和食用营养强化。生物营养强化指在作物生产过程中选用上述成分含量较高的品种，或者在作物生长过程提供上述成分，使得作物籽粒本身就含有较高的上述成分，如欧美分别开展的 Harvest Plus 和 Health Grain 项目，即是希望选育营养强化的作物品种。食用营养强化指在制粉过程中人为添加上述人体所需的成分，即生产营养强化型专用粉，这种方法更为直接。20 世纪 40 年代以来，已有近 80 个国家采取立法或倡导等方式对面粉进行营养强化，采用面粉营养强化改善公众营养不良状况已成为当今世界的通用做法。营养强化剂目前主要有氨基酸类、维生素类、微量元素和无机盐类等。

（1）**氨基酸类**。人体有 8 种必需氨基酸在面粉中很缺乏。据测试在面粉中添加 0.2% 的赖氨酸，可使面粉的蛋白价从原来的 47% 提高到 71.1%。在面粉中添加赖氨酸是提高其营养价值最主要的措施，目前常用的是 L- 盐酸赖氨酸，一般用量 2%。但应注意，添加到面粉中烤制面包时因还原糖作用，约 15% 的赖氨酸被损失。

（2）**维生素类**。一是能促进人体生长发育、保护人体视力和上皮细胞的维生素 A。二是参与人体糖类代谢，维持正常的神经传导及心脏、消化系统活动的 B 族维生素，如缺乏则破坏新陈代谢，会发生口角炎、舌炎等炎症。一般有维生素 B_1（硫胺类）、维生素 B_2（核黄素）、维生素 B_5（烟酸）等。三是参入人体复杂代谢过程、促进生长和抗体的形成、增加对疾病抵抗力的维生素 C 类，常用的是 L- 抗坏血酸。同时，维生素 C 还是面粉面筋增筋改良剂。预防佝偻病的维生素 D 类，以维生素 D_2 和维生素 D_3 较重要。

85　怎样制作面包？

面包是世界小麦主要制品之一，按照食用类型分为主食面包和点心面包，按照面包的柔软度分为硬式面包和软式面包，按照成型方法分为普通面包和花色面包。

面粉、酵母、盐和水是制作面包的主要原辅料，这些配料缺少一种都不能生产面包，面包的配方中常见的其他配料还有油脂、糖、牛奶、氧化剂、酶制剂、表面活性剂等。面包的生产工艺流程如下：

一次发酵法工艺流程。原辅料→预处理→面团调制→面团发酵→分块→搓圆→装盘→成型→烘烤→冷却→包装→成品。

二次发酵法工艺流程。部分面粉、全部酵母→第一次和面→发酵3～5小时→加辅料→第二次调粉→第二次发酵→分块→搓圆→整形→装盘→醒发→烘烤→冷却→包装→成品。

快速发酵法工艺流程。原料→预处理→调粉→调整搅拌→静置→分割→中间醒发→搓圆→整形→装盘→最终醒发→烘烤→冷却→包装→成品。

冷冻面团的生产工艺流程。原料→预处理→调粉→发酵→分割→整形→冷却→解冻→最终醒发→烘烤→冷却→包装→成品。

其中，面团搅拌就是将处理过的原辅材料按照配方用量，根据一定的投料顺序，调制成适合加工的面团。

面团发酵就是保持一定的温度和湿度条件，使面团中的酵母充分繁殖生长，产生大量的二氧化碳和其他物质，同时发生一系列复杂的变化，使面团蓬松富有弹性，并赋予制品特有的色、香、味、形的操作过程。

面团整形是为了将已经发酵好的面团通过称量分割和整形而使其变成符合产品形状的初形。也就是将第二次发酵好的面团经切块机依一定质量分切成块，经过不同形状和花样的压模机整形为各种不同外形的面团。整形包括压面、分割和称量、搓圆、中间醒发、成型、装盘或装模等工序。

面团醒发是使面团得到恢复，使面筋进一步结合，改善面包的内部结构，使其疏松多孔。面团醒发时间一般为30～60分钟，相对湿度80%～90%，醒发后的体积增至醒发前的2倍为宜。

面包烘烤是醒发后的面团在烘炉内热的作用下面包本身发生了许多物理、化学方面的变化，同时也是体积变化最为明显的一个阶段，只要正确使用酵母，可使入炉后的面包出现良好的入炉"弹起"即入炉膨胀，显示出极强的"后发力"。

面包冷却是因为刚出炉的面包湿度很高，皮脆瓤软，没有弹性，经不起挤压，如果立即包装或切片，容易变形。另外由于温度高，易在包装内结成水滴，使皮和瓤吸水变软，还会给霉菌创造良好生长条件。因此必须将其中心冷却至接近室温时才可包装，面包经包装后可避免失水变硬，保持新鲜度及有利于卫生和面包的外观。

怎样制作挂面？

挂面制作的基本原理：先将各种原辅料加入和面机中充分搅拌，静置熟化后将成熟面团通过两个大直径的辊筒压成约10毫米厚的面片，再经压薄辊连续压延面片6～8道，使之达到所要求的厚度，之后通过切割狭槽进行切条成型，干燥切齐后即为成品。

（1）**和面与熟化**。和面是通过和面机的搅拌、糅和作用，将各种原辅料均匀混合，最后形成的面团坯料干湿合适、色泽均匀且不含生粉的小团块颗粒，手握成团，轻搓后仍可分散为松散的颗粒状结构。和面的加水量应依面粉特性及面条制作工艺而定，一般为30%～35%，面粉中蛋白质和淀粉完全吸水膨胀后的成熟面团吸水量为55%～60%。和面用水温度25～30℃，经和面机的搅拌作用面团温度上升为37～40℃，这是面筋形成的最佳温度。和面时间为夏季7～8分钟，冬季10～15分钟。

熟化是指将和好的面团静置或低速搅拌一段时间，以使和好的面团消除内应力，使水分、蛋白质和淀粉之间均匀分布，促使面筋结构进一步形成，面团结构进一步稳定。熟化的实质是依靠时间的延长使面团内部组织自动调节，从而使各组分更加均匀分布。熟化时间一般需20～30分钟，但在连续化生产中，只能熟化10～15分钟。

（2）**压片与切条**。压片与切条是将松散的面团转变成湿面条的过程，该过程对面条产品的内在品质、外观质量及后续的烘干操作均有显著影响。压片通过多道轧辊对面团的挤压作用，使面团中松散的面筋成为细密的沿压延方向排列的束状结构，并将淀粉包络在面筋网络中，提高面团的黏弹性和延伸性。影响压片的主要因素是压延比和压延速率。具有理想内部结构的面片，需经过多次压延成型。可通过控制压延比调节压延程度，第一道压延比为50%，以后的2～6道，压延比依次为40%、30%、25%、15%、10%，面片厚度由4～5毫米逐渐减薄到1毫米。面团压延过程中，面带的线速度称为压延速率。轧辊的转速过高，面片被拉伸速度过快，易破坏已形成的面筋网络，且光洁度差。转速低，面片紧密光滑，但影响产量。一般面片的线速度为20～35米/分。

切条是在切面机上完成的。在连续化生产的过程中，切面机安装在压延机的后端，切面机由切条刀和切断刀组成。挂面的外观质量取决于切刀的机械加工精度。

（3）干燥。干燥过程是面条生产中最重要和关键的环节。当湿面条进入干燥室内与热空气直接接触时，面条表面首先受热温度上升，引起表面水分蒸发，这一过程称为表面汽化。随着表面汽化的进行，面条表面的水分含量降低而内部水分含量仍较高，由此产生了内外水分差。当热空气的能量逐渐转移到面条内部，使其温度上升，并借助内外水分差所产生的推动力，内部水分就向表面转移。在面条干燥中，随表面汽化和水分转移两个过程的协调进行，面条逐渐被干燥。

当表面汽化速度低于内部水分转移速度时，面条的干燥过程就取决于表面汽化速度。但在实际生产中，由于面条外部与热空气的接触面积大，能量吸收快，而面条是热的不良导体，热能转移到面条内部的速度很慢，这样在面条干燥过程中经常出现内部水分转移速度低于表面汽化速度。当这两者的速度差超过一定限度时，由于内外干燥速率的不一致导致出现内应力，内应力会破坏面筋完好的网络结构，结果就会出现"酥面"现象。这种面条外观和好面条一样，但其内部结构受到严重破坏，在包装运输过程中很容易碎成短面。

因此，面条干燥的一个技术难题就是要控制内部水分转移速度等于或略大于表面水分汽化速度。为了达到这一目的，有两个途径：一是采用低温慢速干燥工艺，降低表面水分蒸发速度；二是采用高温、高湿干燥工艺，提高内部水分转移速度。

湿面条在烘房内的干燥可分为预干燥、主干燥和终干燥3个阶段。高温高湿干燥工艺大约3.5小时，低温慢速干燥则需7～8小时。为了避免酥面的产生，在整个干燥过程中，要注意温度、湿度的变化应呈平滑的曲线，不能剧烈波动。另外，面条的形状也影响面条的干燥，正方形、圆形面条在干燥中不易产生酥面，截面为扁形的面条因其宽度和厚度差别较大，干燥中收缩不均匀，易产生酥面，更应注意干燥参数的选择与控制。

（4）切断、包装与面头处理。干燥好的面条被切断成一定长度，一般为20厘米或24厘米，然后称量、包装。常用的切断设备有圆盘锯齿式切割机和往复切刀式切割机。

在挂面生产中，压片过程或烘房入口处常出现一些湿面头，这些面头可返回和面机中和面。对于半干或干面头，经粉碎过筛后也可返回和面机，由于干面头面筋网络已受到一定程度的破坏，为了保证挂面质量，干面头回机率不得超过15%。

怎样制作方便面？

方便面的基本加工原理是将成型后的面条通过汽蒸，使蛋白质变性，淀粉高度糊化，然后借助油炸或热风将煮熟的面条进行迅速脱水干燥。这样制得的产品不但易保存，而且易复水食用。

方便面的加工工艺流程：配料→和面→熟化→轧片→切条折花→蒸面→切断折叠→油炸或热风干燥→冷却→包装。

方便面生产工艺中轧片前的工序和挂面生产相似，本节主要介绍不同于挂面加工的一些工序。

（1）配料。方便面配料中，水、盐、碱的添加量与挂面相似，根据方便面本身的工艺特点，还常添加一些改善面团工艺性能的添加剂，如磷酸盐、乳化剂、增稠剂和防止油脂氧化变质的抗氧化剂。磷酸盐主要是提高面条的复水性并使复水后的面条具有良好的咀嚼感。乳化剂可有效延缓面块的老化。增稠剂如羧甲基纤维素钠和变性淀粉，可改善面条的口感，降低面条的吸油量。

（2）切条折花。即生产具有独特波浪形花纹的面条，其主要目的是防止直线型面条在蒸煮时会黏在一起，折花后脱水快，食用时复水时间短。面条的波纹形成通常是由波纹成型机来完成。

（3）蒸面。目的是使淀粉受热糊化和蛋白质变性，面条由生变熟。蒸面是在连续式自动蒸面机上进行的。蒸面机有水平式和倾斜式两种。水平蒸面机槽内盛有自来水，过热蒸汽直接喷入水中，使之沸腾，产生大量的供蒸面用的水蒸气。倾斜式蒸面机是使喷入槽内的过热蒸汽沿着斜面由低到高在槽中分布，冷凝水由高向低流动。由于蒸汽具有上升的特性，这样在水槽低的一端蒸汽量少，温度低，湿度大。温度较低的面块由底部进入，遇蒸汽易冷凝结露，面带可多吸收水分，以利淀粉糊化。倾斜式蒸面机内从槽底端到槽顶端温度由低到高，而湿度则由高到低，这种温度、湿度分布有利于面块蒸熟。为了保证淀粉糊化度在80%以上，采用的蒸汽压力为0.1～0.3兆帕，时间为90～120秒。

（4）**切断、折叠**。蒸熟的面块经切刀切成一定长度的面块，同时将切后的小面块对折起来，借助热风或油炸进行干燥工序。

（5）**脱水干燥**。面块干燥方式有热风干燥和油炸干燥。为了防止面块在热风干燥中淀粉老化，干热空气的温度应大于淀粉的糊化温度，即70～80℃，相对湿度低于70%，干燥时间为35～45分钟，面块的最终含水量为8%～10%。油炸干燥是将蒸熟的面块放入140～150℃的棕榈油中脱水。由于油温较高，面块中的水分迅速汽化逸出，并在面条中留下许多微孔，因而其复水性好于热风干燥方便面。但油炸后，面条含20%左右的油脂，易氧化酸败，且食用过多油脂，对人体健康不利。

（6）**冷却与包装**。面块的冷却是在冷却隧道中借助鼓风机用冷风强制冷却3～4分钟，使干燥后的面条降至室温。从冷却机出来的面块落在检查输送带上，加上调味汤料包进入自动包装机，对面块进行袋装或筒装。

怎样制作馒头？

我国主食馒头主要是以面粉、酵母、水为原料制得的，有时也加少量的盐和糖。馒头的生产工艺和面包类似，只是馒头由汽蒸蒸熟。馒头生产可选择工艺条件有很多，根据发酵方法不同可分为一次发酵法和二次发酵法。

（1）**二次发酵法**。其制作工艺过程如下。

① **面团调制工艺**。又称为"和面""调粉""搅拌"等。其主要作用：各种原、辅料混合均匀并发生相互作用，面粉吸水形成面筋及网络结构，进而得到伸展，最终形成一定形状的面团。

② **面团发酵工艺**。面团发酵有增殖酵母、蠕动面团、产生风味、增加营养的作用。传统的馒头制作工艺非常重视面团发酵，要求面团完全发起，因此现今一些馒头生产企业仍采用老面发酵工艺，但过度发酵可能使面团产酸过多。由于发酵工艺条件难以控制，新兴的馒头企业多采用快速发酵或不发酵的工艺。但不发酵导致成本增加、外观较差，且馒头失去了传统的风味和口感。

③ **第二次调粉**。面团发酵后应适当加入面粉和剩余辅助原料再进行和面。经过发酵，面团中的酵母需要的营养和氧气消耗将尽，对后续醒发不利，因此应适当添加营养并搅入新鲜空气。第二次调粉、和面有利于调节面团的松弛状

态和黏性，有利于成型操作以保证产品的形状。加入对酵母生长不利的添加物会降低对发酵的影响，加入 pH 调节试剂则可避免面团过酸对产品的影响。

④ **面团揉制**。和面后成型前，一般须经过面团揉制工序，以保证馒头的组织结构和外观。手工成型时必须用揉压机或手工揉面，馒头机成型时，喂料斗内的螺旋挤压和搓辊的扭搓已较好地完成了面团揉制，故不需要另设揉面工序。揉面能排除面团中的气体，做到组织细密，使产品表面光滑，色泽洁白，还能够避免馒头表面产生气泡。揉面应达到面团表面光滑、内部细腻。

⑤ **成型与整形**。面团揉制完成后，为使馒头产品保持外观挺立饱满，避免在醒发和蒸制过程可能使馒头坯扁塌，将切好的或搓好的馒头坯适当整形是非常必要的。圆馒头定量分割与搓团成型，方馒头搓条刀切成型。家庭馒头手工成型，即用手将馍坯揉搓成一定形状并尽可能使表面光滑；馒头生产线中，一般在馒头机后边安排一台馒头整形机用于馒头坯的搓高和搓光。

⑥ **馒头坯醒发**。醒发又称为最后发酵，是馒头生产必需的重要工序。醒发过程中发生一系列的生物化学反应，使馒头达到一定的体积、外观和内部组织结构。较高的温度（35 ～ 42℃）醒发有利于快速发起，减少馒头坯变形，但温度不能超过 45℃，以防酵母高温失活。湿度控制应掌握在坯表面柔软而不粘手为好，一般相对湿度 75% ～ 95%。醒发程度应根据产品的要求而定，北方硬面馒头应醒发轻一些（醒发体积增加一倍左右），南方馒头应更大一些。

⑦ **馒头蒸制**。馒头可以在蒸柜、蒸箱、蒸锅、蒸笼中蒸制。蒸制过程容器内保持微压状态和气体的循环，以确保蒸制的温度。保持容器密闭，还要保证有气体的适量排出以及蒸汽不断进入蒸屉。通入的蒸汽压力不宜太高，防止露水直接溅于坯表面而造成局部烫死。

（2）**一次发酵法**。大中型馒头生产企业普遍采用活性干酵母纯种发酵，直接成型发酵工艺来制作馒头，称为一次发酵法，主要工艺如下。

① **和面**。将一定量的面粉倒入和面机中，搅拌 1 ～ 2 分钟，然后边搅拌边缓慢加入已用 30℃温水活化好的活性干酵母，干酵母用量为小麦粉量的 0.5% ～ 1%，搅拌均匀后，加入温水和面。加水量一般为小麦粉量的 45% ～ 50%，具体加水量与面粉的筋力有关，面粉的筋力高适当多加水。和面时间 7 ～ 9 分钟，搅拌至无干面、表面光滑、面团略微粘手为宜。

② **静置**。将和好的面团放在温度 30℃、相对湿度 80% 左右的环境中静置 10 分钟，主要目的是松弛在搅拌中形成的面筋，以利于成型操作。

③ 成型。馒头成型由成型机完成。目前工厂应用较多的是双辊螺旋揉搓成型机，其工作过程为电动机启动后，将和好的面团投入料斗中，在拨料器的作用下将面团加入绞龙，并推出面嘴，被旋转的切刀切成大小均匀的圆形小面团，然后小面团依次进入双辊式成型槽中，在螺旋推动下迅速地揉搓成表面光滑的馒头坯。

④ 发酵。将成型好的馒头坯立即放入35℃左右、相对湿度85%的发酵室中，发酵70～90分钟，以有酒香味、色泽白净、滋润、发亮为止。

⑤ 蒸制。放入馒头前，预先向蒸车或蒸笼中通入蒸汽，使其内部温度达到100℃，放入发酵好的馒头，汽蒸25～30分钟即可。

馒头的制作过程中常见以下问题：

一是馒头风味。馒头应该具有纯正的麦香和发酵香味，香味足、滋味甜、无不良风味。常出现的问题有香味不足、后味不甜、有不良风味（酸、碱、涩、馊等异味）。添加剂使用不当、污染有味成分、面粉变质、发酵不好、pH不合适以及产品腐败变质等都有可能导致风味问题。

二是馒头内部结构及口感。优质的馒头应为柔软而有筋力，弹性好且不发黏，内部有层次呈均匀的微孔结构。常见的馒头组织结构问题有发黏无弹性、过硬不虚、底过硬、过虚而筋力弹性差、层次差或无层次、内部空洞不够细腻等。影响馒头组织性的因素主要有加水量、和面程度、面团发酵、揉面操作、醒发程度等，通过调节工艺参数，可以使馒头的口感明显改观。

三是馒头萎缩。馒头萎缩是指馒头汽蒸或复蒸时萎缩变黑，像烫面、死面馒头，馒头保温存放时也偶有发生。产生萎缩的根本原因是面筋骨架的支撑力不足。当有足够的内部压力和组织强度时，馒头能够保持较大的膨胀度，而冷却和降压时，回缩力大于支撑力即导致萎缩。防止馒头萎缩应从原料入手，同时在工艺上下工夫，和面和揉面都要使面团达到最佳状态，调节面团pH到合适的范围，醒发程度适度；保证蒸制的工艺条件等是解决馒头萎缩的关键。

四是馒头表面不光滑。优质的馒头应为表面光滑，无裂口、无裂纹、无气泡、无明显凹陷和凸疤。表面光滑与否对于商品馒头的销售影响很大。常见的馒头表面问题有裂纹、裂口、起泡等。馒头裂纹多因为醒发湿度太低所致，可调节醒发湿度加以解决。裂口可能是因为面团水分过低、面团pH过高、揉面不足且布面过多、坯醒发不足等因素所致。起泡主要是因为面团pH过低、揉面布面过多、醒发时湿度过大、醒发过度、蒸时气压过高等。

五是馒头色泽不好。优质馒头表皮应为乳白色，颜色一致，半透明且有光泽，无黄斑，无暗点。内部也应为纯白色，组织结构细腻，色泽均一。常见的色泽问题有发暗不白、发黄、有暗斑等。原料质量和添加剂效果是影响馒头色泽的关键性因素，工艺操作也非常重要。和面和揉面不足以及面团过酸都有可能导致色泽发暗；碱性大、沾染有色物质、霉变等都有可能使馒头发黄；有暗斑主要是面团加水少，醒发过度所致，同时，馒头萎缩也会出现暗斑。

89　怎样制作海绵蛋糕？

海绵蛋糕以低筋面粉（蛋糕粉、月饼粉）、新鲜鸡蛋、颗粒较细的白砂糖为原料。可适当使用色拉油和甘油等，增加产品的滋润度，延长货架期；可使用各类香精和色素，以生产不同风味和类型的海绵蛋糕；还可加入少量泡打粉以形成膨松结构。

海绵蛋糕的档次一般取决于蛋和面粉的比例，比值越高档次就越高，一般低档海绵蛋糕蛋粉比为1∶1以上，中档为1∶1～1∶0.8，高档为1∶0.8以下。糖用量与面粉量相近，中低档海绵蛋糕用糖量略低于面粉，高档海绵蛋糕糖用量等于或高于面粉量，但不能超过面粉量的125%，否则会影响蛋白质的凝结，不利于淀粉的糊化。

海绵蛋糕按制作方法分类可以分为全蛋法、分蛋法（戚风类）两大类。

（1）**全蛋法制作工艺**。在25℃左右温度下，将蛋糖搅打至糖溶化，并起发到一定稠度，光洁而发泡的乳膏，浆料起发程度的判断至关重要，打发不足或打发过度均直接影响产品的外观、体积和质量。在慢速搅打状态下，加入色素、风味物、甘油、水等原料。加入筛过的面粉，用手混合，从底部往上捞，同时转动搅拌桶，混合至无面粉颗粒即止，操作要轻，以免弄破泡沫。将浆料装入蛋糕听，表面抹平，烘烤厚料温度要低，时间也相对较长，薄料则相反。

全蛋法按照添加物和工艺差别可制作成不同类型。

普通海绵蛋糕：适用于蛋粉比在0.8∶1以下的配方，先将蛋和等量的糖搅打至有一定稠度（光洁而细腻的白色泡沫膏）。然后将牛奶（水）与等量的面粉及余下的糖、甘油调成糊状，再将蛋糊、面糊用手拌匀加入过筛的面粉（发粉与干性面粉）混匀即可。

乳化海绵蛋糕：在普通海绵蛋糕制作中加入蛋糕油（S.P，发泡剂、乳化剂）便于工厂化生产，一般可在5～10分钟完成蛋液的乳化发泡工序，特点是体积大气泡小，韧性好，抵制油脂的消泡作用强，减少糖用量，可多加水及面粉量，成品不易发干、发硬，延长保鲜期。

① 方法一。蛋液与糖中速搅拌至糖溶化，加入蛋糕油和筛过的面粉，慢速混匀，然后高速打发，中途缓慢加水，继续搅打至接近最大体积时，转为慢速搅打，缓慢加入油脂混匀（配方中的化学原料提前加在水里混匀，泡打在干性粉中混匀）。

② 方法二。蛋液与糖搅打至乳白发泡，加入蛋糕油高速搅打至接近最大体积（洁白细腻有光泽），加入面粉慢速拌匀，缓缓加入水等液体原料调成糊料（弹性好，细腻程度和韧性稍差）。

③ 方法三。蛋液与糖搅打至糖溶化，液体充满泡沫状即可，加入S.P和糖、甘油，高速搅打，时间低于5分钟，然后慢速搅打，再加入过筛的面粉（泡打提前加在干性粉中），混匀无面粉颗粒时，缓慢加入水、奶等液体原料，搅拌成细腻的糊浆待用。

将模具刷油预热，装料约占杯体的2/3进炉烘烤。

（2）分蛋法（戚风类）制作工艺。多用于中高档蛋糕的制作，先将蛋清、蛋黄分离，搅打蛋清要注意不要沾油或蛋黄液，因为油脂会破坏泡沫体系，蛋清液不易起发，且泡沫结构不稳定。蛋清用打蛋器搅打成乳白色厚糊至筷子插入不倒为止。蛋黄与糖搅至糖溶化，倒入蛋白膏中，再倒入过筛的面粉，拌匀即可装听烘烤。

戚风类搅拌方法有两种。

① 方法一。蛋黄部分：水、糖、盐放入盆中，搅至糖溶化，加入色拉油混合，面粉和泡打混合拌匀后过筛，加入油糖液中拌匀成糊状，并加入蛋黄慢速拌匀备用。蛋清部分：蛋清与塔塔粉（占蛋清量的0.5%～1%）用高速搅打至发白，加入糖继续搅打至软峰状态（峰尖略下弯，即硬性发泡）。蛋白膏与蛋黄膏混合：取1/3蛋白膏倒入蛋黄糊中搅匀，再倒入蛋白膏内慢慢拌匀即可。烘烤：戚风类蛋糕的烘焙温度一般比标准海绵类低。厚坯要求上火180℃，下火150℃；薄坯要求上火200℃，下火170℃。烤熟后尽快出模，否则会引起收缩（戚风类模听，不宜用需抹油的模具）。

② 方法二。蛋黄部分：蛋黄与糖打发至乳白色、细腻有光泽时，慢慢加

入色拉油（缓缓加入，边加边搅打）混成水包油型的乳液状（切忌水油分离），然后再加入牛奶或水，也采取慢加的方法，再把面粉及一些辅料过筛拌匀后加入，轻轻拌匀待用。其余参照方法一。

 ## 怎样制作饼干？

饼干生产所用的原辅料与面包相似，所不同的是饼干使用的面粉为低筋粉，且饼干生产中需用较多的香精、香料、色素、抗氧化剂、化学疏松剂等，可根据需要调节各种饼干的基本配方。

饼干生产的基本工艺流程：原辅料预处理→面团调制→辊轧→成型→焙烤→喷油→冷却→包装。但各种不同类型的饼干生产工艺差别较大，这里主要介绍韧性饼干、酥性饼干、苏打饼干的生产工艺流程（图5-1至图5-3）。

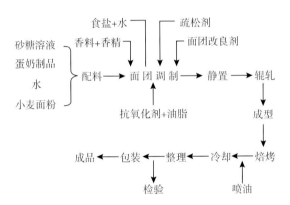

图 5-1　韧性饼干的生产工艺流程

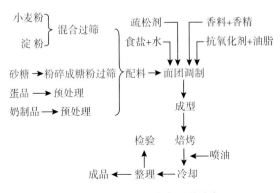

图 5-2　酥性饼干生产工艺流程

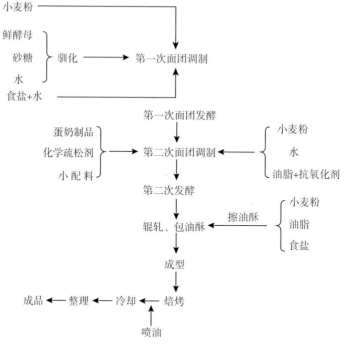

图 5-3 苏打饼干生产工艺流程

（1）**面团调制。**面团调制是将生产饼干的各种原辅料混合成具有某种特性面团的过程。饼干生产中，面团调制是最关键的一道工序，它不仅决定了成品饼干的风味、口感、外观、形态，而且还直接关系以后的工序是否能顺利进行。饼干面团调制过程中，面筋蛋白并没有完全形成面筋，不同的饼干品种，面筋形成量是不同的，而且阻止面筋形成的措施也不一样。

① **酥性面团。**主要用于生产酥性饼干和甜酥饼干，要求面团有较大的可塑性和有限的黏弹性，面团不粘轧辊和模具，饼干坯应有较好的花纹，焙烤时有一定的胀发率而又不收缩变形。要达到以上要求，必须严格控制面团调制时面筋蛋白的吸水率，控制面筋的形成数量，从而控制面团的黏弹性，使其具有良好的可塑性。

② **韧性面团。**用于生产韧性饼干，要求面团具有较强的延伸性和韧性，适度的弹性和可塑性，面团柔软光润。与酥性面团相比，韧性面团的面筋形成比较充分，但面筋蛋白仍未完全水合，面团硬度仍明显大于面包面团。

面团调制时间应根据经验通过判断面团的成熟度来确定。韧性面团调制到一定程度后，取出一小块面团搓捏成粗条，用手感觉面团柔软适中，表面干燥，当用手拉断粗面条时，感觉有较强的延伸力，拉断面团两断头有明显的回缩现象，此时面团调制已达到了最佳状态。为了得到理想的面团，韧性面团调制好后，一般需静置18～20分钟，以松弛形成的面筋，降低面团的黏弹性，适当增加其可塑性。

③ 苏打饼干面团调制和发酵。苏打饼干是采用生物发酵剂和化学疏松剂相结合的发酵性饼干，具有酵母发酵食品的特有香味，多采用二次搅拌、二次发酵的面团调制工艺。

先将配方中面粉的40%～50%与活化的酵母溶液混合，再加入调节面团温度的生产配方用水，搅拌4～5分钟，然后在相对湿度75%～80%、温度26～28℃下发酵4～8小时。发酵时间的长短依面粉筋力、饼干风味和性状的不同而异。此后，将第一次发酵成熟的面团与剩余的面粉、油脂和除化学疏松剂以外的其他辅料加入搅拌机中进行第二次搅拌，搅拌开始后，缓慢撒入化学疏松剂，使面团的pH达7.1或稍高为止。第二次搅拌主要是使产品口感酥松，外形美观，因而需选用低筋粉。第二次搅拌是影响产品质量的关键，要求面团柔软，以便辊轧操作，搅拌时间一般4～5分钟，使面团弹性适中，用手较易拉断为止。

（2）**面团的辊轧**。辊轧是将面团经轧辊的挤压作用，压制成一定厚薄的面片，一方面，便于饼干冲印成型或辊切成型，另一方面，面团受机械辊轧作用后，面带表面光滑、质地细腻，且使面团在横向和纵向的张力分布均匀。饼干成熟后，形状完美、口感酥脆。

用于制作苏打饼干的发酵面团经辊压后，面团中的大气泡被赶出或分成许多均匀的小气泡。同时经过多次折叠、压片，面片内部产生层次结构，焙烤时有良好的胀发度，成品饼干有良好的酥脆性。

（3）**饼干成型**。对于不同类型的饼干，成型方式是有差别的，成型前的面团处理也不相同。如生产韧性饼干和苏打饼干一般需辊轧或压片，生产酥性饼干和甜酥饼干一般直接成型，而生产威化饼干则需挤浆成型。

饼干成型方式有冲印成型、辊印成型、辊切成型、挤浆成型等多种成型方式。对于不同类型的饼干，根据其配方和所调制面团的特性不同，成型方法也各不相同。

（4）**饼干的焙烤**。饼干焙烤的主要作用是降低产品水分，使其熟化，并赋予产品特殊的香味、色泽和组织结构。在焙烤过程中，化学疏松剂分解产生

的大量 CO_2，使饼干的体积增大，并形成多孔结构，淀粉胶凝、蛋白质变性凝固，使饼干定型。在工业化生产中，饼干的焙烤基本上都是使用可连续化生产的隧道式烤炉，由5或6节可单独控制温度的烤箱组成，分为前区、中区和后区3个烤区。前区一般使用较低的焙烤温度（160～180℃），中区是焙烤的主区，焙烤温度为210～220℃，后区焙烤温度为170～180℃。

对于配料不同、大小不同、厚薄不同的饼干，焙烤温度、焙烤时间都不相同。韧性饼干的饼干坯中面筋含量相对较多，焙烤时水分蒸发缓慢，一般采用低温长时焙烤。酥性饼干由于含油、糖多，含水量少，入炉后易发生"油摊"现象，因此常采用高温短时焙烤。苏打饼干入炉初期底火应旺，面火略低，使饼干坯表面处于柔软状态有利于饼干坯体积膨胀和气体的逸散。如果炉温过低、时间过长，饼干易成僵片。进入烤炉中区后，要求面火逐渐增加而底火逐渐减弱，这样可使饼干膨胀到最大限度并将其体积固定下来，以提高品质。

（5）**冷却、包装**。刚出炉的饼干表面温度在160℃以上，中心温度也在110℃左右，必须冷却后才能进行包装。一方面，刚出炉的饼干水分含量较高，且分布不均匀，口感较软，在冷却过程中，水分进一步蒸发，同时使水分分布均匀，口感酥脆；另一方面，冷却后包装还可防止油脂的氧化酸败和饼干变形。冷却通常是在输送带上自然冷却，也可在输送带上方用风扇进行吹风冷却，但不宜用强烈的冷风吹，否则饼干会产生裂缝。饼干冷却至30～40℃即可进行包装。

91 怎样用小麦淀粉制取味精？

以小麦粉为原料生产小麦淀粉，以淀粉（酸法、酸酶法、双酶法制糖）水解糖化，再发酵生产谷氨酸。应采用优良的菌株和控制合适的环境条件。谷氨酸生产菌所以能够在体内合成谷氨酸，并排出体外，关键是菌体的代谢异常化，即长菌型细胞在生物素贫乏（亚适量）条件下，转变成伸长、膨大的产酸型细胞。这种代谢异常化的菌种对环境条件是敏感的。条件控制适当，高产谷氨酸，只有极少量的副产物；条件控制不合适，代谢途径发生变化，少产或几乎不产谷氨酸，甚至得到的是大量菌体，或者由谷氨酸发酵转换为积累乳酸、琥珀酸、α-酮戊二酸、缬氨酸、丙氨酸、谷氨酰胺、乙酰谷酰等。由此可见，谷氨酸发酵是一个复杂的生化过程。菌种的性能越高，对环境条件的波动就越敏感。故要想获得高酸、高转化率、高效益的谷氨酸发酵产品，除了选择优良的谷氨酸生产菌外，还必须按所用菌株的特性，选择适宜的工艺条件。以下简述味精部分生产工艺。

（1）酶法糖化。生产味精用的原料淀粉，首先要进行糖化。目前一般采用酶法糖化，酶法比酸法的转化率一般可提高8个百分点以上。酶法糖化分成两个步骤，先是使淀粉液化成糊精，控制麦芽糊精（DE10 — 18）；然后进行糖化成葡萄糖，所以亦称双酶法糖化。

（2）液化工艺流程。调浆→配料→一次喷射液化→液化保温→二次喷射→高温维持→二次液化→冷却。在配料罐内，把粉浆乳调到17～25波美度，用 Na_2CO_3 将 pH 调至5.0～7.0，并加入0.15%～0.30%的氯化钙，作为淀粉酶的保护剂和激活剂，最后加入耐高温 α-淀粉酶0.5升/吨，淀粉料液搅拌均匀后用泵把粉浆打入喷射液化器，在喷射器中粉浆和蒸汽直接相遇，出料温度95～105℃。从喷射器中出来的料液，进入层流罐保温30～60分钟，温度维持在95～97℃，然后进行二次喷射，在第二只喷射器内料液和蒸汽直接相遇温度升至120～145℃，并在维持罐内维持5～10分钟，把耐高温 α-淀粉酶彻底杀死，同时淀粉会进一步分散，蛋白质会进一步凝固。然后料液经真空闪蒸冷却系统进入二次液化罐，温度降低到95～97℃，在二次液化罐内 pH 调节至6.5，加入耐高温 α-淀粉酶0.2升/吨，淀粉液化约30分钟，碘试合格，液化结束。

（3）糖化工艺流程。液化→糖化→灭酶→过滤→贮糖计量→发酵。液化结束时，迅速将料液用酸调节 pH 至4.2～4.5，同时迅速降温至60℃，然后加入糖化酶150IU/克，60℃保温32小时。当用无水酒精检验无糊精存在时，糖化结束，将料液 pH 调节至4.8～5.0，同时，将料液加热到80℃，保温20分钟。然后料液降温降到60～70℃，开始过滤，滤液进入贮糖罐，在60℃以上保温待用。

（4）等电点提取谷氨酸。谷氨酸发酵液加入无机酸调节 pH 至谷氨酸等电点，使其结晶析出，经分离获得粗品。发酵液在等电点前可以除去菌体或不除菌体，可以先经浓缩或不浓缩，无机酸可以用盐酸或硫酸。目前国内较多工厂采用不除菌体，不经浓缩，在低温条件下，用盐酸（或硫酸）调节 pH 至等电点的工艺路线。等电点母液中谷氨酸含量随等电点温度高低而异。通常母液中谷氨酸含量为1.0%～1.8%。母液可以用离交法或锌盐法再回收，或综合利用培养酵母获取单细胞蛋白（SCP），用作饲料。母液也可制造肥料或作其他处理。用等电点沉淀析出谷氨酸，其收率可达90%以上。然后用离心分离机将谷氨酸顺利回收。

（5）谷氨酸制造味精。 从谷氨酸发酵液中提取出的谷氨酸，加工溶解，用碳酸钠或氢氧化钠中和，经脱色，除铁、钙、镁等离子，再经蒸发、结晶、分离、干燥、筛选等单元操作，得到高纯度的晶体或粉体味精。这个生产过程统称为"精制"，精制得到的味精称"散味精"或"原粉"，经过包装则成为商品味精。

92 怎样以小麦淀粉制作酒精？

（1）液化、糖化。 由于小麦淀粉在液化、糖化时，易形成黏度大的醪液，对于输送和拌料设备要作适当的改造，增加醪液泵的流量和扬程，提高搅拌机的转速或增大搅拌装置。拌料浓度和拌料温度要作适当的调整，由于小麦淀粉醪液黏度较大，拌料浓度控制在28%～30%（固形物含量）为宜。拌料温度宜控制在45℃左右，如果大于55℃，会形成"结团"现象，且结成的"团块"外熟内生，严重时影响醪液输送，造成无法运作的局面。为了尽可能降低醪液黏度，液化酶采用诺维信生产的liquozymeSC新型液化酶，用量在8～10U/克。从液化、糖化醪外观看，黏度较大，在测定其外观糖浓度时，用比重法测量误差较大；生产过程中应用阿贝尔折光仪测定醪液的Bx或者测定其固形物含量。

（2）发酵。 由于小麦中含非蛋白质氮是由酰胺态氮0.09%，胺态氮0.075%，缩胺态氮0.162%等组成的，这种状态氮能被酵母直接利用。因此，在酵母培养过程中，只需要补充磷源和少量无机氮。由于具有营养丰富的培养基，酵母培养速度较快，且数量较多，质量较好。为了提高酵母的发酵速度，减轻戊糖对酵母代谢的抑制作用，在酵母培养过程中，要加强酵母管理和培养工作。最好选用安琪酵母股份有限公司生产的耐高温、耐高酒精浓度的高活性干酵母，对原来的酵母质量要进行调整，酵母细胞数≥1.8亿个/毫升，出芽率≥20%，外观要整齐、健壮。小麦酒精发酵要选择发酵力较强的高活性酵母，使酵母的生长始终处于对数生长期。同时，为了防止出现大幅生酸现象，在发酵醪中加入0.5U/毫升的青霉素。

（3）蒸馏。用小麦淀粉为原料生产酒精，根据销售的需要，可把酒精质量控制在GB1O343-2002标准等级范围内，在要求同样质量的情况下，工业酒精提取相对较少。需要强调的是，小麦酒精口味较好，达到了纯净、微甜程度，是生产伏特加的理想原料。

（4）离心分离。由于小麦淀粉醪液中纤维素和半纤维素含量高，可溶性物质含量亦偏高；醪液黏度较大，在离心机操作方面要尽可能提高离心机转速，而差转速控制不要过高。随着酒糟水回流次数的增加，酒糟水中固形物含量在不断增加。由于醪液中的戊糖不能被酵母利用，不像玉米原料固形物积累可以达到动态平衡，所以小麦酒糟水要适当控制其回流量，使其不影响酵母的正常生长代谢。

（5）蒸发。由于酒糟水中可溶物较多，在相同条件下，比其他原料易提高糖浆浓度，但是相同浓度的糖浆黏度要比玉米糖浆大，因此，糖浆要做适当调整，根据实践经验宜控制在25%～30%（固形物含量）较好。由于酒糟水回收用量受限制，相对来说，蒸发负荷就要增加。在操作过程要注意蒸发器结垢，需及时进行清洗。

（6）干燥。糖浆和湿酒糟混合经过干燥机制成干酒糟粉末，颜色较好，蛋白质含量为26%，脂肪为3%，适口性较好。

93　怎样分离小麦谷朊粉？

谷朊粉最初作为小麦淀粉的副产物，是与纤维等一起作为饲料使用的，但随着谷朊粉的价值逐步受到人们的重视，其商业价值甚至超过了小麦淀粉本身，从而大大带动了小麦淀粉商业化生产，不断涌现出马丁法及改良马丁法、雷西奥法、三相卧螺法等许多工业加工方法。

（1）马丁法及改良马丁法。在马丁法（图5-4）及其改良工艺中，面粉加水搅拌所形成的面团是以面筋为中心的网状结构，淀粉、非面筋蛋白质及其他成分如脂质等被包围在面筋网络中。在面团搅拌过程中，一般认为经过水面混合、面筋形成、面筋扩散、搅拌完成、搅拌过度、面筋破坏6个阶段。由于面筋网络的存在，面团内部的淀粉不容易被洗出来，越接近面团中心部位，淀粉就越难以洗净。而且洗涤伴随着搅拌，过度的机械搅拌会软化面筋网络直至完全破坏面筋网络结构，因此面团的洗涤必须在搅拌完成阶段完成，这是此工艺的缺陷之一，谷朊粉的蛋白质含量和质量难以兼顾；另外，尽管控制好搅拌时间和搅拌强度可以保证面筋网络免遭破坏，但是面筋网络在搅拌过程中是不断变化的，弱化了面筋网络的强度。

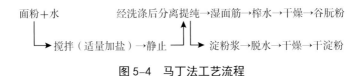

图5-4 马丁法工艺流程

（2）雷西奥法。雷西奥法（图5-5）可以小麦粉或小麦粒为原料来生产谷朊粉，在加工过程中利用旋液分离技术，谷朊粉得率和质量方面均优于马丁法。该工艺具有以下特点：

小麦制粉→加水→熟化→成型→旋液分离→

面筋+淀粉浆→筛理→湿面筋+淀粉浆→脱水→湿面筋→谷朊干燥系统→谷朊粉

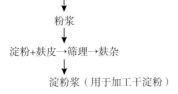

粉浆

淀粉+麸皮→筛理→麸杂

淀粉浆（用于加工干淀粉）

图5-5 雷西奥法工艺流程

一是整个工艺可实现连续化封闭式作业，谷朊粉质量好，且用水量少，几乎无废水排出；

二是对筋力弱的面粉，谷朊粉亦能很好凝集，且易与淀粉分离，谷朊粉得率高；

三是投资费用高，能耗较大，工艺较为复杂。

（3）**三相卧螺工艺**。三相卧螺工艺（图5-6）是德国韦斯伐利亚公司开发的一种较新的小麦淀粉与谷朊粉分离方法，因工艺中采用了独特的专利技术——三相卧螺分离机而得名。三相卧螺工艺主要包括面粉制备、面糊制备、均质、淀粉洗涤、面筋分离等阶段。工艺采用了三相卧螺离心机，可以把物料分为三相，在工艺前就把戊聚糖分离除去，因此节省了水的用量，保证了产品的质量。淀粉洗涤采用三相蝶片喷嘴离心机与旋流机组合处理，使淀粉纯度更高。本工艺多采用进口设备，有操作较麻烦、成本较高等缺点。

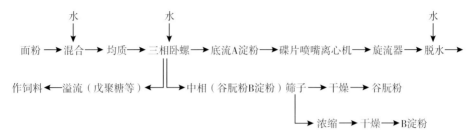

图 5-6　三相卧螺工艺流程

什么是优质专用小麦？

优质专用小麦是指品质优良具有专门加工用途，且经过规模化、区域化种植，种性纯正，品质稳定，达到国家专用小麦品种品质标准，能够加工成具有优良品质的专用食品的小麦。在我国，优质专用小麦是随着市场变化而出现的一个阶段性的概念，优质是相对劣质而言，专用是相对普通而言。

优质指的是品质优良。优质是品质的核心，是专用的保证。小麦品质主要表现在形态品质、营养品质和加工品质3个方面。不同品种具有不同的品质指标，品质好坏取决于终端产品的品质。硬质麦通常用来制作面包和北方挂面，软质麦通常用来制作饼干、糕点和南方馒头等食品。任何一种面制品都有其合适的品质指标，并非籽粒越硬做的面包就越好，同样，也不是籽粒越软制作的饼干或糕点就越好。专用指的是具有专门用途，如面包型小麦、饼干型小麦、优质挂面型小麦、优质专用饺子粉等。目前欧美发达国家通过配麦较好地满足了优质专用小麦指标要求，如硬红冬、硬红春、软红冬、软白麦等。

优质专用小麦除用于常见的面制品消费外，还有糯小麦、彩色小麦等不同专用类型。

糯小麦是一种新小麦类型，籽粒贮存淀粉中支链淀粉含量≥99%（糯性）。糯小麦粉具有独特的高支链淀粉与麦谷蛋白，加工特性和营养品质独特，是一种新开发的优质原粮。在食品工业中，糯小麦可以直接研发多种新型食品；在非食品工业中，可以生产纯支链淀粉及多种延伸产品，有重要的工业价值。

全糯小麦粉黏度高，糊化温度较低、峰谱黏度和回落黏度较高，糯小麦面粉较普通小麦粉抗衰退阻力更大，制作烘焙面食时品质不好。一般来说，全糯小麦面粉不适合制作家常面食，用糯小麦面粉与普通小麦品种的面粉进行适当比例的配粉，可有效改变面粉加工特性，获得具有不同加工品质的优质专用面粉。

彩色小麦是指籽粒呈蓝色、黑色、紫色或者绿色等不同颜色的小麦。制作的全麦粉富含花青素及多种微量元素。

95　什么是优质专用小麦产业化？

优质专用小麦产业化是以市场为导向，以种植者为基础，以效益为中心，依靠龙头企业、合作经济组织等市场组织的带动和科技进步，对优质专用小麦实行区域化布局、规模化种植、基地化生产、一体化经营、社会化服务、企业化管理，形成贸工农一体化、产加销一条龙的生产经营方式和产业组织形式。

优质专用小麦产业化经营不同于封闭、分散的单个农户的生产经营，而是以市场化、社会化、规模化、企业化为基础的生产经营，是生产过程、经营方式、组织体制和机制的创新。

从生产过程看，具有市场化、社会化、规模化生产的特征。传统的小麦生产是农户主要为自己消费生产，具有小规模化和封闭性的特点，从生产过程的开始到结束都是自己独立完成。而优质专用小麦产业化经营则把农户推向了市场，其生产的目的在于通过交换获得利润。生产规模的大小，决定了小麦的批量、加工品质、价格和利用价值，决定了获取利润的大小，追求规模的扩张、质量的改善、价格的提高就成为其内在的强烈要求。优质专用小麦产业化经营是立足市场的，决定了生产过程是开放的，是在市场的比较中进行准确定位的过程。在市场中取胜和获得优势，必然要求农户参与社会分工，种植市场和企业需要的品种，实行专业化生产。

从经营方式看，具有提升小麦经营主体市场竞争能力的特征。优质专用小麦产业化经营是农业生产者（农户、农场等）为了提升自身的市场竞争地位而走向集中和联合的一种新型经营方式，小麦生产者之间，或者生产者与相关企业签订合约，来代替市场中临时性交易关系，各经营主体组成的共同体引入了"非市场安排"，如提供保护价、利润返还、优质优价等，有利于灵活、及时、稳定地协调小麦的产供销活动，消除了由市场结构的完全竞争性所引发的破坏性过度竞争行为。优质专用小麦产业化经营作为贸工农一体化经营方式，促进了农业和农村经济的重组和发展，通过优质专用小麦产业内市场关系的整合，产业组织的创新，提升了农业经营主体的市场竞争能力。

从组织体制和利益机制看，具有利益共享、风险共担，符合农业现代化要求的农业经营组织形式和运行机制的特征。生产、加工、销售各个环节紧密结合，实现了农民与龙头企业和组织的有机结合。龙头企业与农户之间的组织形式与利益机制，是实施优质专用小麦产业化经营的核心。建立比较稳定的利益联结机制是农户和企业共同的要求和选择。在产业化经营中，龙头企业运用各种方式使农民得到实惠，农民以稳定优质的产品供给保持龙头企业持续发展，从而使两者实现共同发展。市场经营必有风险，产业化经营能使市场风险由联合的组织来承担和化解，或者使龙头企业通过建立风险基金和收购保护价格制度，按农户出售小麦的数量适当返还利润等多种方式，减少市场对农民效益的负面冲击。利益共享、风险共担的利益机制保证了小麦经营效益提高，风险下降，从而促进小麦产业协调发展。

96 什么是"企业＋农户"优质专用小麦产业化经营模式？

"企业＋农户"模式是以优质专用小麦为原料的企业或公司，与一定区域或范围内的农户以合同契约形式缔结成产加销一体化的经济实体，企业承诺确保收购和优质优价，农户承诺按要求生产，在某种程度上体现出利益共沾、风险共担的一体化倾向。但实质上，在这一模式下，龙头企业和农户是对立统一的两极，最终能否顺利履约，取决于企业与农户双方的信誉、市场意识和观念，以及政府的协调等。

农户和企业作为两个相对独立的经济主体，都要满足利润最大化的目标。农户在契约建立后除了免除售麦难的忧虑外，更多的是追求提高小麦产量、提高小麦价格、降低种植和交易费用而提高收入，极少考虑通过相应的措施来提高小麦品质，或对契约另一方的质量和价格保证。企业在追求利润最大化的同时，同样希望通过某种方式减少与农户交易的不确定性，并减少中间环节，以满足原料需求、降低成本、保证经营的有计划进行。二者之间存在着相互矛盾和冲突的一面，龙头企业独立于农民之外，与农民不是一个利益整体，本身没有保护农民利益、提供综合配套服务的义务，与农民联系的根本目的在于降低原料成本，提高自身经济利益。农户不具有法人经营资格，契约观念淡薄。一旦市场出现对各方经济利益有较大冲突的情况下，如市场价格波动、原料质量差异等，随时都有可能导致契约无法履行。

当龙头企业因种种因素经营不善，企业利益得不到满足或发生亏损时，企业可能置农户利益于不顾，甚至转嫁风险，特别是在小麦价格下跌时压级压价甚至拒收毁约。农户则可能在小麦市场价格上扬时惜售毁约。即便龙头企业和农户都有信用保障，但龙头企业与农户的这种交易和联结方式只能是短期和不稳定的。因为龙头企业与面广量大的分散小农户进行交易，其交易费用相当高。

97 什么是"企业＋合作经济组织＋农户"优质专用小麦产业化经营模式？

"企业＋合作经济组织＋农户"模式是以优质专用小麦为原料的企业或公司，通过合作经济组织，与农户以契约形式缔结成产供销一体化的统一体，其关键在于合作经济组织。合作经济组织是以优质专用小麦的专业生产为特征，可以是合作社或专业协会。

合作社是由农民自愿组建，以市场为导向，家庭经营为基础，成员共同利益为纽带，通过不同层次、不同形式的联合，形成跨社区的优质专用小麦产供销一体化经营的合作组织，是农民自己的合作组织，实现民主管理、风险共担、利益均沾，在流通、加工领域的受益返回农民。合作社作为载体，是推动优质专用小麦等农产品产业化迅速发展的最好形式之一。

第一，可以由合作社负责把优质专用小麦等农产品加工、贮藏、运输组织起来，承担起生产技术指导和信息服务的功能，扩大生产资料供应和销售农产品的经营规模。这样可以减少单个农户在这一方面的弱点和成本，使单个农户经营中的市场风险变为农民共同承担的各种经营后的平均风险。第二，合作社属于非营利性的公司法人，但它可以进行产销活动，并为农民提供各种服务，提高农民的组织化程度、市场集中程度，增强其市场竞争能力和谈判地位，利于讨价还价从而减少市场风险，在一定程度上解决了粮食产业的弱质性问题。

第三，合作社还可以成为协调龙头企业与农户利益关系的良好中介，上接龙头企业，下接农户，用合同、契约规范龙头企业与农户之间的关系，较好地解决了龙头企业与农户间的矛盾，填补了农户和龙头企业之间的断层，解决了地区经济组织"统"不起来、国家经济技术部门包揽不了、农户单家独户办不了的问题，形成优势互补、功能齐全的服务机制。第四，合作社还可为社员提供全方位服务，既可向农业生产资料的生产、购销等产前部门延伸，也可向优质专用小麦等农产品销售、加工等产后部门延伸，还可以给产中环节提供系列化服务，并把服务渗透到生产和流通的各个环节。这样可以把优质专用小麦等农产品的贮运、批发甚至初加工以及其他服务环节所取得的部分农产品附加值返还给农民，更好地提高和保护农民利益。

优质专用小麦专业协会着重于解决生产经营过程中的技术和管理问题，并利用准确的经济信息，为农户提供销售渠道，通常以协会组织统一对外销售优质专用小麦，并向协会内的农户提供生产资料。

优质专用小麦专业协会是根据多样化的生产方式和服务需求而建立的，因此它的形式也是多样的。按发起方式划分，有农民协会、专业技术协会、研究会和专业合作社等；按发起方式划分，有能人带头、农民自发组织等，也有高科技、生产供销及经营管理部门等牵头组建；按依托对象划分，有依托大户、农场、企业和科技服务部门的；按活动范围划分，有在本社区活动，也有按发展市场经济的内在发展要求跨社区、跨地域的。需要说明的是，我国农村千差万别的条件，决定了专业协会的产生需要政府及部门的正确引导，才能得以充分发挥作用。因此，许多地方的优质专用小麦专业协会往往是根据农民意愿和企业需要，由政府有关职能部门或科研、推广、教学的专业技术人员首先发起，更具有规范性和可操作性。

优质专用小麦协会一般先由发起者草拟章程，吸收会员，召开成立大会，讨论通过章程，选举产生理事会、理事长，并可下设若干职能小组。然后由理事会、理事长按照章程规定，通过职能小组或工作人员主持协会的运行。主要工作内容有4个方面：一是组织培训咨询、印发资料、新品种新技术示范推广等科技服务活动；二是组织优质专用小麦的外销业务，把分散的农户与国内外大市场衔接起来；三是筹集活动经费；四是处理协会内部利益关系，组织互助和自救。其突出之处就在于面对农村科技推广和运用体系的不足、农业科技贡献率较低的问题，提出加强科技服务的思路。它对于优质专用小麦集中产区、统一布局起到提高其科技含量的作用，通过科技和质量加强市场吸引力，从而推进优质专用小麦的产业化经营。

 ## 什么是"企业＋市场中介＋农户"优质专用小麦产业化经营模式？

"企业＋市场中介＋农户"模式，是从生产到市场的这一过程，由优质专用小麦生产（农户）、市场（企业），与联结二者的桥梁——市场中介三者组成。在经营环节上，具体包含了三方参与形成的三个环节，其模式的主要作用在于市场中介疏通流通渠道。农户根据市场中介和企业的要求，保证优质专用小麦统一品种、优化技术进行生产。企业根据市场中介和农户的要求，保证不低于市场价收购，并体现优质优价。

这种模式在竞争比较充分的情况下，农户和市场中介能从实现利益最大化的目标出发，各自寻找交易的切入点，完成交易的行为。在联结纽带上，主要依靠契约关系或者是市场价格发挥作用，实现交易。农户与中介组织是相对独立的市场竞争主体，有能力把握自己的交易行为。

以市场中介组织类型来划分，目前主要有4种。

（1）"批发市场＋农户"。作为市场中介的批发市场，主要由政府根据需要或地区生产特点而批准建立，地点固定，一般由粮食流通部门作为优质专用小麦等粮食的分销环节而存在。批发市场的价格确定主要依据优质专用小麦的市场价格和农户的内在价格意愿结合，通过谈判而定。这种模式的组织形式主要是通过合理的价格机制，由农户和批发市场自愿完成，运行过程相对简单，而且通常与"农民经纪人＋农户"模式结合进行。

（2）"农民经纪人＋农户"。农民经纪人已成为优质专用小麦等农产品销售的一支重要力量。"企业＋农户"模式的限制性条件是必须在本地有从事优质专用小麦加工的企业，而合作经济组织需要组织农民建立合作经济组织等。在这些模式没有发挥作用之前，或者实践中并不简单易行的情况下，农民经纪人依靠土生土长的亲和力，对市场信息的灵敏掌握，通过合同或随机性的交易促进优质专用小麦的商品化很便捷地发生，是优质专用小麦产生新的市场载体。这种模式也可作为大型优质专用小麦流通或加工企业采购的补充手段，在我国粮食流通体制首先放开的沿海地区极为普遍。农民经纪人是产业化发展涌现的新农民，具有以下特点：一是农民中的能人，大多具有观念新、信息通、脑盘活、有经验、有门路、讲信誉等特点；二是具有普遍性，以农村能人、大户为主，普遍存在于我国乡村；三是具有专门的经营领域，大多从事优质专用小麦等最为熟悉的专项购销活动；四是经营活动具有季节性和灵活性，受利益驱动，随生长季节而定；五是组织及行为具有松散性和不规范性。因此应当加强队伍建设，提高素质水平，保证市场有序运行。

（3）"中介公司＋农户"。近几年来，一些有识之士看好优质专用小麦的市场前景，纷纷成立了以优质专用小麦开发为主营业务的中介性公司，开发优质专用小麦品种，建立和指导优质专用小麦生产基地，架构用麦企业与种植基地农户之间的桥梁。中介公司并不直接买卖小麦，但它一方面了解市场和企业对优质专用小麦的品质需求，为企业有针对性地在优势区域内寻找合作基地，另一方面精通优质专用小麦生产技术，可以为农户进行咨询和指导，因此深受企业和农户（或合作经济组织）双方的信赖。中介公司既可赚取优质专用小麦差价，也可以通过收取企业和农户（或合作经济组织）的技术服务费来获取利润。

（4）"技术管理部门＋农户"。由于我国优质专用小麦的产业化经营尚处于起步阶段，许多方面还不太成熟和规范，需要政府职能管理部门的关心和帮助。政府虽不直接参与市场，但农业行政部门及其下属的农业技术推广机构、与小麦相关的事业单位，在开展正常技术推广的过程中，为顺应职能转变的形势，满足农民需要，加强了优质专用小麦市场、流通、加工等领域的信息搜集、发布与传达，某种程度上起到了中介组织的作用，而且这种中介往往是从农民利益和企业利益着想，考虑社会效益，基本属于无偿或微偿服务。因此，在我国农民农田经营规模小、经济实力差、中介组织难发育的情况下，由各级农业部门在转变职能的同时，承担起优质专用小麦等大宗粮油作物中介组织的作用是可行的。

99 优质专用小麦产业化经营的核心是什么？

无论哪种优质专用小麦产业化模式都涉及农户与企业、经济合作组织、中介组织等之间的契约或合同关系，因此，优质专用小麦产业化方式的核心是

"订单"。目前订单农业不断受到各级政府和农业部门的高度重视，粮食企业和农民等各方面的积极性也较高，特别是在粮食经济正向市场化、多元化、现代化和国际化方向发展的形势下，订单农业无疑是粮食流通体制改革的新探索，是企业与农户进行产销经营的新形式。

目前订单农业的形式：一是农户与科研、种子生产单位签订合同，主要是签订农作物制种合同，依托科研技术服务部门或种子企业发展订单农业；二是农户与农业产业化龙头企业或加工企业签订农产品购销合同，依托龙头企业或加工企业发展订单农业；三是农户与专业批发市场签订合同，依托大市场发展订单农业；四是农户与专业合作经济组织、专业协会签订合同，发展订单农业；五是农户通过经销公司、经纪人、客商签订合同，依托流通组织发展订单农业。

 订单农业对小麦产业发展有哪些好处？

订单农业是优质专用小麦产业化经营的核心，促进了小麦产业发展，具体来说有以下几个好处。

（1）让农民吃了"定心丸"。农民以种粮为己任，最关心的问题是种什么品种畅销，收益高低，生产的小麦能不能迅速成为商品等。虽然农民可以从报纸、电视等媒体上得知一些信息，但不赋于实际，心里总不太踏实。因此在播种前，加工企业、收购部门或中介机构等与农户签订合同，具有法律保障，谁不履行合同，将由司法部门监督，法律予以制裁，确保了广大农民生产的小麦有人收，直至优质优价以及当场支付。农民的后顾之忧解决了，得以一心一意在大田劳作，精选种，勤管理，合理施肥，及时防病治虫除草，舍得投劳，舍得投资，多产麦、产好麦。

（2）给企业购麦提供了信息。订单农业的实行，给企业收购小麦提供了准确可靠的大量信息，正常年景能收多少，优质专用品种有多少，一目了然，心中有数，由此推算需要多少仓容，需要多少收购人员，需要多少收购资金，让收购部门早作好仓容、磅秤、包装、资金等各方面的服务准备，使收购秩序井然，有条不紊，收购体系呈现良性循环。可腾出大量时间把小麦国际国内的信息反馈给农民，把种麦人与收麦人、用麦人紧密联结起来。

（3）**为小麦销区展示了产品**。小麦特别是优质专用小麦余缺调剂、品种调剂是个大市场，例如广东省虽然基本没有小麦种植，但大型面粉加工企业却很多，而且加工产品大多销往省内外的食品企业和高档消费场所，可谓原料、市场两头在外的产业化经营典范。订单农业的推行，给类似广东省这样的粮食主销区提前展示了小麦等粮食产区的品种、品质，让销区依照自己的需麦实际，可以在小麦生产时，就有选择地与产区签订购销合同，及早解决产区有麦卖不出去、库存积压、经营效果不佳，销区库存不充实、销售断货等问题。

订单农业对小麦产业化发展是有利的，对引导农业结构调整、搞好产销衔接、维护市场秩序、保护农民利益起到了积极的作用。但在执行过程中最大的问题是履行难，企业或农户有时出于自身利益会单方面违约，在市场行情和价格上扬时，农户惜售抬价；在市场行情和价格低迷时，企业压级压价。因此应对订单农业进行规范，最重要的是在优质专用小麦订单生产合同的操作过程中，必须明确树立法律意识、价格意识、质量意识、履约意识，探索建立新的良性发展的产业化运行机制。

图书在版编目（CIP）数据

小麦产业关键实用技术100问 / 马鸿翔，顾克军，陈怀谷编著. —北京：中国农业出版社，2021.8
（农事指南系列丛书）
ISBN 978-7-109-28745-7

Ⅰ.①小… Ⅱ.①马…②顾…③陈… Ⅲ.①小麦—栽培技术—问题解答 Ⅳ.①S512.1-44

中国版本图书馆CIP数据核字（2021）第181441号

中国农业出版社出版
地址：北京市朝阳区麦子店街18号楼
邮编：100125
策划编辑：张丽四
责任编辑：吴洪钟
责任校对：吴丽婷
印刷：北京通州皇家印刷厂
版次：2021年8月第1版
印次：2021年8月北京第1次印刷
发行：新华书店北京发行所
开本：700mm×1000mm 1/16
印张：10.5
字数：180千字
定价：60.00元